人工智能综合项目开发

Artificial Intelligence Integrated Project Development

主编 ——
孙宝山　周利敏　姚　姚

参编 ——
闫　旸　金光浩　张泰忠

上海科学技术出版社

图书在版编目（CIP）数据
人工智能综合项目开发 / 孙宝山，周利敏，姚姚主编；闫旸，金光浩，张泰忠参编. -- 上海：上海科学技术出版社，2024. 6. -- ISBN 978-7-5478-6675-7
Ⅰ. TP18
中国国家版本馆CIP数据核字第2024Q0T920号

内 容 提 要

本书以 Python 及各类人工智能 API 为实训环境，以实际项目为导向，介绍人工智能技术基础、Python 基本语法、基于 Python 的数据分析、基于 Python 的机器学习应用、基于 Python 的各类人工智能 API 应用、基于 Python 的项目开发等。本书是理论与实践相结合的项目化教材，配有人工智能模型的理论讲解和案例分析，内容实用性强，简单易学，能够帮助学生在训练过程中巩固所学的知识。本书适合作为应用型高等院校的大数据、人工智能等专业的实训课教材，也可作为企业开展人工智能模型应用培训的参考教材。

人工智能综合项目开发

主编　孙宝山　周利敏　姚　姚
参编　闫　旸　金光浩　张泰忠

上海世纪出版(集团)有限公司
上 海 科 学 技 术 出 版 社　出版、发行
(上海市闵行区号景路 159 弄 A 座 9F - 10F)
邮政编码 201101　www.sstp.cn
上海新华印刷有限公司印刷
开本 787×1092　1/16　印张 15.5
字数：294 千字
2024 年 6 月第 1 版　2024 年 6 月第 1 次印刷
ISBN 978 - 7 - 5478 - 6675 - 7/TP・91
定价：78.00 元

本书如有缺页、错装或坏损等严重质量问题，请向工厂联系调换

前　言

人工智能相关课程已成为各个院校计算机专业、大数据专业、人工智能专业的必修课。目前,人工智能方面的教材虽然很多,但是大多需要布置众多 GPU 节点,或者购买昂贵的网络计算服务器,才能安装并布置大型模型。并且,所安装的模型训练时间很长,不利于学生在课堂中进行体验。本教材面向小型的数据集,基于机器学习及百度 API 平台,使学生在理解人工智能模型的基础上,可以动手操作,参与项目的建设,同时为更多的学校开展人工智能课程提供快捷的教学框架。

本书紧跟时代潮流,基于对大数据及人工智能行业的发展趋势以及就业前景的了解,激发学生对相关新技术的学习兴趣。本书内容能够适应企业的用人新需求,帮助读者掌握新技术和新方法,提升数字素养和职业素质;帮助读者学习运用人工智能技术解决问题,在实际工作中更好地通过数据和算法等工具提升所在公司的分析和决策能力,从而提升整体的科学管理水平。

本书共 11 章,主要内容包括人工智能所需的 Python 语言基础、各类机器学习算法、百度 API 应用方法和项目化实践。通过学习本书的内容,读者可以更好地了解大数据分析、人工智能应用领域的工作范畴和技能要求。

本书由孙宝山、周利敏、姚姚、闫旸、金光浩、张泰忠编写完成。编写过程得到了天津工业大学、山东航空学院、湖北工业大学、天津职业技术师范大学、北京电子科技技术学院的各位老师的大力支持。由于知识庞杂,以及作者水平有限,书中难免存在错误和疏漏,欢迎读者批评指正,并提出宝贵的建议。

编　者

2024 年 2 月

目　录

第 1 章

初识人工智能项目开发

学习目标

知识目标

- 了解人工智能的发展现状
- 了解分类算法的基础知识
- 了解人工智能模式的演变
- 了解数据集收集及标注过程
- 了解数据集预处理的步骤

能力目标

- 理解模型基本构造
- 掌握模型训练过程
- 能够使用人工神经网络进行垃圾邮件分类

素质目标

- 通过人工智能技术解决实际问题
- 面对模型训练及使用中的问题，独立思考并给出解决方案

1.1 背景知识

随着科技的飞速发展，人工智能（artificial intelligence，AI）作为引领新一轮科技革命和产业变革的重要驱动力量，正在全球范围内得到广泛关注和深入研究。近年来，人工智能在多个领域取得了显著的进展，特别是在自然语言处理、深度学习技术、计算机视觉、强化学习算法、机器人技术革新、知识表示与推理、生成对抗网络以及情感计算与理解等方面。

（1）自然语言处理

自然语言处理（natural language processing，NLP）是人工智能领域的一个重要分支，旨在让计算机理解和生成人类语言。近年来，随着深度学习技术的应用，NLP 在语音识别、文本生成、机器翻译等方面取得了巨大的突破。例如，基于 Transformer 结构的模型如 GPT-3，已经能够生成高度自然的文本，甚至能够完成诗歌和故事的创作。

（2）深度学习技术

深度学习是机器学习的一个分支，通过构建深层神经网络模型来实现复杂的特征提取和学习任务。近年来，深度学习技术不断发展，从卷积神经网络（convolutional neural network，CNN）到循环神经网络（recurrent neural network，RNN），再到 Transformer 等新型结构，不断推动着人工智能在各领域的进步。

（3）计算机视觉

计算机视觉是研究如何让计算机从图像或视频中获取信息并理解其内容的科学。随着深度学习技术的发展，计算机视觉在目标检测、图像分割、人脸识别等方面取得了显著进展。例如，基于深度学习的目标检测算法已经能够准确快速地识别出图像中的多个目标。

（4）强化学习算法

强化学习是一种让机器通过与环境互动来学习最优行为策略的算法。近年来，强化学习算法在游戏 AI、自动驾驶等领域取得了显著成果。例如，AlphaGo 等基于强化学习的算法已经在围棋等复杂游戏中超越了人类水平。

（5）机器人技术革新

随着人工智能技术的发展，机器人技术在感知、决策、执行等方面都得到了显著提升。新一代机器人不仅能够执行复杂任务，还具备一定程度的自主学习和适应能力。例如，协作机器人和服务机器人已经在工业、医疗等领域得到了广泛应用。

（6）知识表示与推理

知识表示与推理是人工智能领域的重要研究内容，旨在让机器能够理解和运用人类知识。近年来，随着知识图谱、语义网络等技术的发展，知识表示与推理在智能问答、自然语言理解等方面取得了重要进展。

（7）生成对抗网络

生成对抗网络（generative adversarial network，GAN）是一种新型的深度学习模型，由生成器和判别器两部分组成，通过相互对抗来产生高度真实的生成样本。近年来，GAN在图像生成、视频处理等领域取得了显著成果，为人工智能的发展注入了新的活力。

（8）情感计算与理解

情感计算与理解是人工智能领域的一个新兴研究方向，旨在让机器能够感知和理解人类的情感。近年来，随着情感分析算法和情感数据库的不断发展，情感计算与理解在人机交互、智能客服等领域得到了广泛应用，极大地提升了用户体验和满意度。

综上所述，人工智能在多个领域都取得了显著的进展和突破。随着技术的不断进步和创新，我们有理由相信，人工智能将在未来的社会发展中发挥更加重要的作用，为人类创造更加美好的未来。

1.1.1 分类算法简介

分类算法是机器学习领域中的一类重要算法，其目标是将输入数据分为不同的类别或标签。分类算法的核心思想是通过学习数据的模式和特征，构建一个能够对新输入进行预测的模型。分类算法在各个领域都有着广泛的应用，例如在图像识别领域中用于图像分类、目标检测和人脸识别等。

分类算法的基本原理是从已知数据中学习模型，然后利用该模型对新的未知数据进行分类。这个学习过程通常包括以下几个步骤和基本概念。

① 数据收集：收集带有标签（类别信息）的训练数据，这些数据包含了模型需要学习的特征和对应的类别。

② 特征提取：从数据中提取有助于分类的特征。这些特征可以是数值型、文本型或图像型数据中的各种属性。

③ 模型训练：选择适当的分类模型，如决策树、支持向量机、反向传播神经网络等，并使用训练数据对模型进行训练。训练过程就是调整模型参数的过程，使其能够准确地预测输入数据的类别。

④ 模型评估：使用测试数据对训练好的模型进行评估，了解其在新数据上的性

能。常用的评估指标包括准确率、精确度、召回率等。

⑤ 预测应用：将训练好的模型应用于新的、未知的数据，进行实际的分类预测。

1.1.2　人工神经网络简介

人工神经网络(artificial neural networks)：人工神经网络(简称“神经网络”)是一种模拟生物神经系统工作方式的计算模型，被广泛用于机器学习和深度学习任务。神经网络由神经元(或节点)和连接这些神经元的权重组成，具备学习和适应能力，能够通过训练从数据中学习复杂的模式和表示。

(1) 基本结构

神经元(节点)：神经网络的基本单元，每个神经元接收输入，进行加权求和，并通过激活函数产生输出层。神经网络由多个层组成，通常包括输入层、隐藏层和输出层。输入层负责接收输入数据，输出层产生最终的预测结果，隐藏层则用于学习和提取数据中的特征。上述结构如图 1-1 所示。

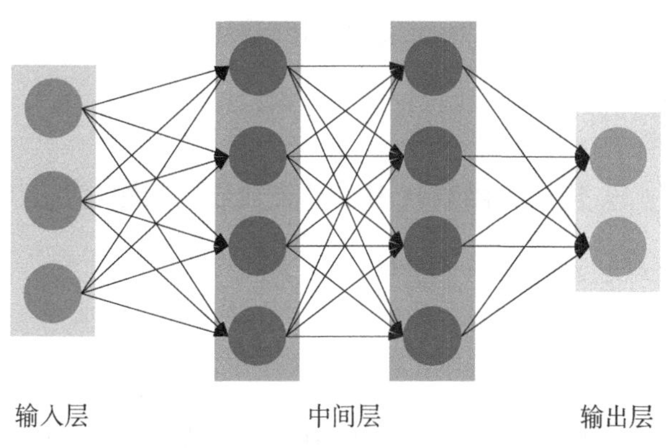

图 1-1　神经网络结构示意图

连接：每个神经元与其他神经元之间存在连接，每个连接都有一个权重，权重表示连接的强度。

(2) 前向传播

在神经网络中，信息传递的过程称为前向传播。具体包括 3 层的传播过程。

输入层：接收输入数据，将其传递给下一层。

隐藏层：对输入进行加权求和，并通过激活函数产生输出，作为下一层的输入。

输出层：产生最终的预测结果。

(3) 反向传播

神经网络的训练过程使用反向传播算法。具体步骤如下。

① 前向传播：通过将输入数据传递到网络，产生预测结果。

② 计算损失：比较预测结果与真实标签之间的差异，得到损失值。

③ 反向传播：从输出层到输入层，计算损失对权重的梯度，然后使用梯度下降更新权重，减小损失。

④ 重复迭代：反复进行前向传播和反向传播，直到损失足够小或达到预定的迭代次数。

(4) 激活函数

激活函数用于引入非线性性，使得神经网络能够学习更复杂的模式。常见的激活函数包括以下 4 种。

Sigmoid 函数(S 型函数)：用于二分类问题，一般表示为 $S(x)=\frac{1}{1+e^{-x}}$。

Tanh 函数(双曲函数)：类似于 S 型函数，但范围在[−1,1]，一般表示为 $T(x)=\frac{e^x-e^{-x}}{e^x+e^{-x}}$。

ReLU 函数(线性整流函数)：在正数范围内输出输入值，负数输出 0，一般表示为 $\mathrm{ReLU}(x)=\begin{cases}x,\ x>0\\0,\ x\leqslant 0\end{cases}$。

Softmax 函数(归一化指数函数)：用于多类别分类问题，将输出转化为概率分布，一般表示为 $\mathrm{Softmax}(x_i)=\frac{e^{x_i}}{\sum_{i=1}^{n}e^{x_i}}\in(0,1)$。

(5) 类型和架构

前馈神经网络(feedforward neural network)：数据在网络中单向传递，没有循环连接。

循环神经网络(RNN)：具有循环连接，适用于序列数据，能够捕捉上下文信息。

卷积神经网络(CNN)：专门用于处理图像数据，包含卷积层、池化层等结构，能够捕捉图像中的空间关系。

1.1.3 人工智能模式简介

人工智能的发展历程是一个漫长而丰富多彩的过程，各种模型在不同时期相继涌现。人工智能模式大致经历了如下的发展历程。

(1) 符号主义

20 世纪 50 年代至 80 年代是符号主义 AI 的黄金时期。早期专家系统如 DENDRAL 和 MYCIN 尝试使用规则和符号来模拟专家的推理过程。然而，由于知识表示的困难和面临复杂问题时推理效率的下降，符号主义 AI 在一定程度上受到了限制。

（2）演化算法

20 世纪 60 年代末至 70 年代初，演化算法，包括遗传编程等受自然演化启发的算法概念首次被引入。然而，在计算资源稀缺的环境中，演化算法的发展相对缓慢。直到近年来，计算机性能的显著提高，演化算法才得以广泛应用于优化问题。

（3）连接主义

20 世纪 80 年代末至 90 年代初，随着计算能力的提升和神经网络算法的改进，连接主义 AI 经历了复兴。反向传播算法的提出使得多层神经网络的训练成为可能。然而，在当时，计算资源相对有限，神经网络的训练进展较为缓慢。

（4）贝叶斯网络

同样是 20 世纪 80 年代至 90 年代，贝叶斯网络在人工智能领域取得了显著进展。贝叶斯网络在概率推理和不确定性建模方面表现出色，成为专家系统和决策支持系统的重要组成部分。

（5）强化学习

强化学习的早期发展可以追溯到 20 世纪 50 年代和 60 年代。然而，直到近年来，随着计算能力的增强和深度学习方法的引入，强化学习才在复杂任务上取得了显著的成果，如 AlphaGo 在 2017 年的胜利和深度强化学习在机器人控制上的应用。

（6）进化发展模型

进化发展模型的研究相对较新，主要集中在 21 世纪初。通过模拟婴儿的认知发展过程，研究人员试图建立更灵活、具有适应性的人工智能系统，以便系统能够从经验中学习。

（7）深度学习

深度学习的发展可以追溯到 20 世纪 80 年代，但在最近十年（21 世纪 20 年代）中取得了巨大的突破。随着大规模数据集的可用性和强大的图形处理单元（GPU）的出现，深度学习模型，特别是 CNN 和 RNN，在图像识别、自然语言处理等领域大放异彩。

总体而言，这些人工智能模型的发展历程相互交织，不同模型的进步为整个人工智能领域带来了新的动力和可能性。随着技术的不断进步，人工智能仍然在不断演化和发展。

1.2 理论支撑

1.2.1 数据收集及标注

在机器学习和深度学习领域，一个高质量的数据集是取得良好模型性能的关键。数据集的质量直接影响到模型的泛化能力和应用效果。数据的收集和标注是构建强大模型的起始步骤，涉及系统性的计划和方法，以确保数据集具有代表性、多样性，并且能够涵盖模型可能遇到的各种情况。

在数据收集中，包含以下几个基本步骤。

(1) 明确定义问题与目标

在收集数据集之前，需要明确定义你的问题和目标。清晰的问题定义有助于明确需要收集哪些类型的数据以及数据的量级。

(2) 选择数据源

确定数据的来源，这涉及各种途径，包括传感器、数据库、开放数据集、网络爬虫等。确保所选数据源能够满足问题定义和目标。

(3) 数据获取方法

选择适当的数据获取方法。这包括实地采集、传感器采集、API 调用、爬虫抓取等。注意采集的数据需要符合法律法规和伦理规范。

(4) 数据采集工具

根据数据获取方法选择相应的工具，如传感器设备、爬虫框架、数据库管理系统等。确保工具的稳定性、可靠性和效率。

(5) 样本选择

对于大规模数据集，样本选择是必要的。确保样本具有代表性，能够涵盖问题的各个方面，避免出现样本偏差。

(6) 数据存储

建立有效的数据存储系统，确保数据的安全性和完整性。数据的存储结构要考虑后续处理和标注的需求。

在数据标注时有以下几点注意事项。

(1) 定义标注任务

明确定义需要进行的标注任务，包括标注的类别、标签体系等。对于监督学习，标注任务直接决定了模型的学习目标。

(2) 选择标注工具

根据标注任务的特点选择合适的标注工具，可能是专业的标注软件、自定义开发的工具，或者一些在线平台。

(3) 标注准则和规范

制定清晰的标注准则和规范，确保标注人员能够保持一致性。提供样例以帮助标注人员理解标注任务。

(4) 标注人员培训

对标注人员进行培训，确保他们了解标注任务的背景、目的，熟悉标注工具，并能够按照准则进行标注。

(5) 标注质量控制

建立标注质量控制机制，包括随机抽查、互斥标注等手段，以确保标注结果的准确性和一致性。

(6) 反馈和迭代

定期收集标注过程中的反馈信息，根据需要进行迭代。可能需要调整标注准则、重新培训标注人员，以不断提高标注质量。

1.2.2 数据预处理

数据预处理的目的是确保数据的质量和适应模型训练的需要。

数据预处理是建立强大、鲁棒机器学习模型的关键步骤之一。不同类型的数据和问题可能需要不同的预处理方法，因此在选择预处理方法时需要根据具体情况进行调整和优化。

以下是一些常见的模型预处理步骤。

(1) 数据清洗

处理缺失值、异常值和重复数据。缺失值可以通过填充、删除或插值等方式处理。异常值可能需要根据具体情况进行修正或删除。

(2) 特征缩放

将特征的数值范围调整到相似的尺度。常见的缩放方法包括最小-最大缩放和标准化。这有助于加速梯度下降法的收敛，提高模型的训练效率。

(3) 特征选择

选择对模型性能有影响的重要特征，去除冗余或无关的特征。这可以提高模型的解释性、减少过拟合风险，并加速训练过程。

(4) 数据变换

对数据进行变换，以使其更适合模型的假设。例如，对数变换、指数变换、正态化等可以改善数据的分布特性。

(5) 处理类别型特征

将类别型特征进行编码,以便模型能够理解。常见的编码方式包括独热编码、标签编码等。

(6) 处理时间序列数据

对于时间序列数据,可能需要进行平稳化、差分操作,以便模型更好地捕捉数据的趋势和周期性。

(7) 处理文本数据

对文本数据进行分词、词干提取、停用词去除等操作,将文本转化为模型可以处理的形式,如词袋模型或词嵌入。

(8) 处理不平衡数据

对于不平衡的分类问题,可以采用过采样、欠采样、生成合成样本等方法来平衡类别分布。

(9) 特征工程

创建新的特征或组合已有特征,以更好地捕捉数据的复杂关系。这包括多项式特征、交互特征等的生成。

(10) 归一化

将数据缩放到相对较小的范围,使其对模型的权重调整更加敏感。在神经网络等模型中,通常需要对输入数据进行归一化。

1.2.3 模型构造

模型构造是指创建和定义机器学习模型的过程。在构建模型时,需要选择合适的模型类型,确定模型的结构、层数、节点数等参数,并设置模型的损失函数和优化算法。模型构造是机器学习过程中的重要步骤之一,合理的模型构造有助于提高模型的性能和泛化能力。在实际应用中,不同问题可能需要不同类型的模型,因此选择和构建模型时需要结合具体的任务需求和数据特点。

以下是模型构造的一些关键步骤和要点。

① 选择模型类型

选择适用于问题类型的机器学习模型。常见的模型类型包括线性回归、逻辑回归、决策树、支持向量机、神经网络等。选择模型时需要考虑问题的性质和数据的特点。

② 定义模型结构

线性模型:确定输入特征的权重和偏置。

决策树模型:确定树的深度、分裂条件、叶节点的输出值等。

支持向量机模型：选择核函数，设置参数如惩罚项的权重。

神经网络模型：确定网络的层数、每层的节点数、激活函数等。定义连接权重和偏置。

③ 选择激活函数

对于神经网络等模型，选择适当的激活函数是重要的一步。常见的激活函数包括 ReLU 函数、Sigmoid 函数、Tanh 函数等。不同的激活函数适用于不同类型的问题和模型结构。

④ 设置损失函数

选择合适的损失函数，用于度量模型的预测与实际标签之间的差异。损失函数的选择取决于问题类型，如均方误差（mean-squared error，MSE）用于回归问题，交叉熵用于分类问题。

（5）选择优化算法

选择合适的优化算法，用于最小化损失函数。常见的优化算法包括随机梯度下降（stochastic gradient descent，SGD）、Adam、RMSProp 等。不同的优化算法对模型的训练速度和性能有影响。

（6）模型构建

定义神经网络的结构。可以选择使用 CNN 或 RNN 等结构。添加适当的层，如嵌入层、卷积层、池化层、全连接层等。

（7）初始化模型参数

对模型的权重和偏置进行初始化。良好的初始化有助于加速模型的收敛，减少训练时间。常见的初始化方法包括随机初始化、Xavier 初始化、He 初始化等。

（8）正则化和 Dropout

为防止过拟合，可以加入正则化项，如 L1 正则化、L2 正则化。此外，对于神经网络，可以使用 Dropout 技术，随机丢弃一些节点，以增加模型的泛化能力。

（9）模型编译

将模型的结构、损失函数和优化算法整合在一起，形成一个可训练的模型。这一步通常在深度学习框架中通过调用相应的 API 来完成。

（10）模型评估和调整

使用验证集或测试集对模型进行评估，根据评估结果进行调整。可能需要调整超参数、改变模型结构或尝试不同的特征工程方法。

1.2.4　模型训练

模型训练是机器学习中一个至关重要的步骤，它通过使用训练数据来调整模型的参数，使其能够从数据中学到模式和规律，以便在未见过的数据上做出准确的预测。模型在测试集上的表现也称为泛化能力。以下是模型训练的准备工作。

① 数据准备：获取并加载垃圾邮件分类所需的数据集，例如 Spambase 数据集。确保数据集包括已标记为垃圾邮件和非垃圾邮件的样本。

② 文本预处理：对邮件文本进行预处理，包括去除停用词、标点符号、数字，进行词干提取或词形还原等操作。这有助于减小词汇量，提高模型效果。

③ 文本向量化：将文本数据转换为可以被神经网络处理的数字表示。使用词袋模型、TF - IDF(词频-逆文档频率)或词嵌入技术，将每个单词映射为密集的向量。

④ 数据拆分：将数据集分为训练集和测试集。通常，80%的数据用于训练，20%用于测试。确保垃圾邮件和非垃圾邮件在两个集合中都有合适的比例。

1.2.5 模型使用

使用机器学习模型通常涉及以下步骤，从加载和准备数据，到进行预测和评估模型性能。下面是使用机器学习模型的分步介绍与其在 Python 语言中的实现。

(1) 加载训练好的模型

首先，加载已经训练好的模型。这涉及加载模型的结构和权重。在深度学习中，常见的模型保存格式包括 HDF5、TensorFlow 的 SavedModel、PyTorch 的. pth 格式等。确保加载的模型与训练时的模型具有相同的结构和参数。

以 PyTorch 为例，首先，确保已经安装了 PyTorch，并导入需要的库，然后加载模型。

```
import torch
import torchvision.transforms as transforms
from PIL import Image

# 假设 model_path 是保存的 PyTorch 模型路径
model_path="path/to/your/model.pth"

# 加载模型
model=torch.load(model_path)
model.eval()  # 设置模型为评估模式
```

(2) 准备输入数据

准备要输入模型的数据，确保数据的格式和预处理与模型训练时一致。这可能包括特征工程、缩放、标准化等步骤，具体取决于模型的要求。

（3）选择损失函数和优化器

为了求解反向传播问题，需要选择适当的损失函数和优化器。对于回归问题，均方误差常用作损失函数，而梯度下降法是一种常见的优化算法。

```
loss_function=MeanSquaredError()
optimizer=SGD(learning_rate=0.01)
```

（4）模型编译

将模型的架构、损失函数和优化器组合起来，并编译模型。

```
model.compile(optimizer=optimizer, loss=loss_function)
```

（5）数据预处理

对输入数据进行标准化、归一化等预处理操作，以确保模型在训练过程中能够更好地收敛。

（6）模型训练

使用准备好的训练集进行模型的训练。

```
model.fit(X_train, y_train, epochs=50, batch_size=32, validation_data=(X_
val, y_val))
```

（7）模型评估

使用验证集进行模型的评估，确保模型在未见过的数据上也能表现良好。

```
loss=model.evaluate(X_val, y_val)
print(f'Validation Loss:{loss}')
```

（8）模型调整

根据验证集的表现调整模型的超参数，如学习率、隐藏层神经元数量等。可以多次进行训练和评估，直至达到满意的性能。

（9）模型保存

保存训练好的模型，以备后续使用。

```
model.save('job_score_model.h5')
```

(10) 模型应用

使用测试集或实际数据进行模型的应用,进行打分预测。

```
predictions=model.predict(X_test)
```

以上是一个基本的反向传播神经网络的设计和训练流程。

举例说明如何使用加载的模型对输入数据进行预测。首先确保在进行预测之前将模型设置为评估模式(model.eval()),并使用 torch.no_grad()来禁用梯度计算,因为在推理阶段不需要梯度信息。这里以图像分类为例,其示例代码如下。

```
# 读取并预处理输入图像
input_image_path="path/to/your/input/image.jpg"
input_image=Image.open(input_image_path)

# 定义图像转换
transform=transforms.Compose([
    transforms.Resize((224,224)),  # 假设模型期望的输入大小是224×224
    transforms.ToTensor(),          # 将图像转换为张量
    transforms.Normalize(mean=[0.485, 0.456, 0.406], std=[0.229, 0.224,
  0.225])  # 归一化
])

# 对输入图像进行预处理
input_tensor=transform(input_image).unsqueeze(0)  # 添加批次维度

# 禁用梯度计算
with torch.no_grad():
    # 进行预测
    output=model(input_tensor)

# 获取预测结果
predicted_class=torch.argmax(output).item()
print(f"Predicted class:{predicted_class}")
```

以上是一个简单的图像分类的例子。如果你的模型用于其他任务，如目标检测或分割，相应的输入数据和预测处理可能会有所不同。在使用中，记得根据当下的模型和任务要求进行适当的修改。在使用模型时，确保了解模型的输入要求、输出格式以及预测结果的解释方式。

（11）模型解释

对于黑盒模型，解释模型的预测过程可能是挑战性的。这时可以使用解释性工具（如 LIME、SHAP 等）来理解模型对输入的决策的重要性，或者使用可解释性更强的模型。

（12）部署模型

如果满意模型的预测性能，可以将其部署到实际应用中。部署方式可能包括将模型嵌入到应用程序、将模型封装成网络服务，或者在边缘设备上运行。

（13）监测和更新

在模型投入实际应用后，持续监测模型性能，特别是在面临新数据分布时。根据性能监测的结果，可能需要重新训练模型、调整参数或更新模型。

（14）模型版本控制

随着时间的推移，可能需要更新模型以适应新的数据和需求。使用模型版本控制系统，确保能够跟踪和管理不同版本的模型。

（15）安全性和隐私考虑

在模型使用的过程中，务必需要注意安全性和隐私问题。特别是在涉及敏感信息的场景下，采取适当的数据安全和隐私保护措施是必要的。模型使用是机器学习流程中的关键步骤之一，它涉及将训练好的模型应用到实际场景中。在使用模型时，理解模型的输出、解释结果、部署到实际应用中以及持续监测和更新都是关键的考虑因素。

1.3　实训案例：垃圾邮件分类项目

1.3.1　需求分析

需求分析的意义是明确项目目标、功能和性能需求。

（1）项目背景

随着电子邮件的广泛应用，垃圾邮件问题逐渐凸显。本项目旨在开发一款高效的垃圾邮件分类程序，通过机器学习技术自动过滤垃圾邮件，提高用户体验。

（2）项目目标

① 构建高效的垃圾邮件分类模型：开发一个文本分类模型，能够准确识别和过滤

垃圾邮件，提高过滤效率。

② 实现实时分类：确保垃圾邮件分类程序能够实时响应，快速判断邮件是否为垃圾邮件。

③ 用户友好的界面：设计简洁直观的用户界面，使用户能够方便地管理和监控垃圾邮件分类。

④ 可定制化的过滤规则：提供用户设置垃圾邮件过滤规则的功能，以满足不同用户的个性化需求。

⑤ 与常见邮件客户端集成：实现与常见邮件客户端的集成，使垃圾邮件分类程序可以方便地与用户已有的邮件系统配合使用。

⑥ 性能优化：确保垃圾邮件分类程序在大规模邮件数据下仍能保持高效运行，不影响整体邮件系统性能。

⑦ 安全性保障：加强垃圾邮件分类程序的安全性，防止恶意攻击和未经授权的访问。

⑧ 用户反馈机制：设置用户反馈机制，收集用户对垃圾邮件分类结果的反馈，优化模型的准确性。

(3) 功能需求

① 文本分类

输入：用户提供的文本数据。

处理：利用事先训练好的邮件文本分类模型，对邮件进行分类。

输出：返回文本所属的类别(是否为垃圾邮件)。

② 模型训练

输入：用户提供的训练数据集，选择分类类别。

处理：训练新的垃圾邮件分类模型，并保存模型参数。

输出：训练完成的模型。

(4) 技术需求

开发语言：Python

文本分类模型：使用机器学习框架，如 Scikit-learn、NLTK，或深度学习框架(如 TensorFlow、PyTorch)。

用户接口：提供命令行界面和简单的图形用户界面(GUI)。

(5) 性能需求

准确性：邮件分类模型在测试数据上的准确性需达到预定标准。

处理速度：确保邮件分类的处理速度满足用户实时分类的需求。

(6) 安全性需求

用户身份验证：对于模型训练等敏感操作，确保只有授权用户才能执行。

数据隐私：保护用户上传的文本数据，确保数据不被未经授权的用户访问。

(7) **可配置性**

模型配置：允许用户选择不同的文本分类算法，调整模型参数。

输入数据：支持多种文本数据格式，包括纯文本、CSV、JSON 等。

(8) 测试需求

单元测试：针对各个功能模块进行单元测试，确保各功能单元的正确性。

集成测试：确保各功能模块能够协同工作，实现整体功能。

性能测试：测试程序的性能，包括模型训练时间、文本分类速度等。

(9) 部署需求

支持多平台：确保程序能够在不同操作系统上正常运行。

易部署性：提供简单的安装和配置过程，减少用户部署的难度。

(10) 用户文档

提供详细的用户手册，包括程序的安装、配置和使用说明。

提供示例和教程，以帮助用户更好地理解和使用程序。

(11) **支持和维护**

提供用户支持渠道，包括在线文档、社区论坛等。

定期更新程序，修复 bug，提升性能，增加新功能。

1.3.2　项目开发计划书

(1) 项目目标

随着电子邮件的普及，垃圾邮件的数量逐渐增多，给用户带来了诸多不便。为了解决这一问题，开发一款高效、智能的垃圾邮件分类系统，通过机器学习技术，自动过滤用户收件箱中的垃圾邮件，提高邮件使用效率。

(2) 需求分析

详见 1.3.1。

(3) 项目计划

第 1 阶段：任务规划

① 完成邮件分类系统的需求分析，明确功能和性能需求。

② 制定项目计划和时间表。

③ 确定团队成员的职责和任务。

第 2 阶段：系统设计和技术选型

① 设计系统架构，包括模块划分、数据流程等。

② 选择合适的邮件分类模型和开发框架。

③ 确定数据库和用户接口设计。

第 3 阶段:开发

① 开发邮件分类算法和模型训练功能。

② 实现用户界面,包括文本上传、分类结果查看等功能。

③ 编写程序逻辑和模块。

第 4 阶段:测试

① 进行单元测试,确保各功能单元的正确性。

② 进行集成测试,验证各模块协同工作。

③ 进行性能测试,检查系统的处理速度和准确性。

第 5 阶段:模型部署和用户培训

① 部署系统到生产环境。

② 提供用户手册和文档。

③ 进行用户培训,确保用户能够正确使用系统。

第 6 阶段:支持和维护

① 提供技术支持,解决用户反馈的问题。

② 定期更新系统,修复 bug,增加新特性。

(4) 团队组织和人员分工

① 项目经理

负责项目的整体规划和协调,确保项目按计划进行。

② 开发团队

文本分类算法工程师:负责开发文本分类算法和模型训练功能。

前端工程师:负责设计和实现用户界面。

后端工程师:负责系统架构设计和后台逻辑开发。

③ 测试团队

负责制定测试计划和执行测试。

④ 支持团队

负责用户支持和系统维护。

(5) 风险管理

① 风险识别

确认项目进度可能受到技术挑战、人员调整等因素的影响。

② 风险应对措施

提前规划,确保团队成员的培训和技术准备。

设立备用计划,以防不可预见的挑战。

（6）预算

① 项目成本（单位：元）

项目经理：10 000（此处均为假设值）

开发团队：60 000

测试团队：8 000

支持团队：8 000

其他费用：10 000

② 预算来源

内部资金

甲方来款

（7）项目进度跟踪

每周开展项目进度会议，由各部门负责人报告进度。

1.3.3 用反向传播神经网络实现垃圾邮件分类

（1）数据集

垃圾邮件分类任务常用的公开数据集包括以下几种。

① Spambase 数据集

数据集来源：UCI（加利福尼亚大学尔湾分校）机器学习库。

包含 4 601 封电子邮件，其中 1 813 封是垃圾邮件。

数据集包含 57 个特征，主要包括单词的频率、字符的频率等。

② 安然数据集

数据集来源：安然公司的电子邮件通信。

包含了来自 150 用户的 0.5 万封电子邮件。

数据集非常大，适用于大规模的垃圾邮件分类研究。

③ TREC 2007 Spam 数据集

数据集来源：TREC（文本检索会议）。

包含 75 419 封训练邮件和 11 546 封测试邮件。

适用于进行大规模的垃圾邮件分类评估。

④ LING-Spam 数据集

数据集来源：麻省理工学院。

包含样本 2 481 个，涵盖垃圾邮件和非垃圾邮件。

⑤ PU1 数据集

数据集来源：机器学习存储库。

这是一个小规模的二分类数据集，适用于初步的垃圾邮件分类实验。

⑥ Apache SpamAssassin 数据集

数据集来源：Apache SpamAssassin 开源项目。

由 SpamAssassin 开发的规则和模型进行垃圾邮件标记，适用于开发和测试垃圾邮件分类算法。

这些数据集涵盖了不同规模和难度的垃圾邮件分类任务，可以帮助研究人员和开发者评估和改进垃圾邮件分类模型的性能。在实际应用中，选择适合特定场景和需求的数据集是很重要的。

（2）用 PyTorch 构建一个反向传播神经网络

使用神经网络进行垃圾邮件分类通常需要一些复杂的处理，包括文本向量化、构建神经网络模型以及训练过程。以下是一个基于 Spambase 数据集的简单示例，使用 PyTorch 构建一个全连接的反向传播神经网络进行垃圾邮件分类。本书的编程环境采用 Python 3.8 和 PyTorch 1.6 版本。

① 导入必要的库和数据集

```
import torch
import torch.nn as nn
import torch.optim as optim
from torch.utils.data import DataLoader, TensorDataset
from sklearn.model_selection import train_test_split
import pandas as pd
from sklearn.feature_extraction.text import CountVectorizer
from sklearn.metrics import accuracy_score, classification_report
```

② 读取 Spambase 数据集

```
url = " https://archive. ics. uci. edu/ml/machine-learning-databases/spambase/
spambase.data"
names=[f "f{i}"  for i in range(57)]+["is_spam "]
data=pd.read_csv(url, header=None, names=names)
```

③ 划分特征和标签

```
X=data.drop("is_spam", axis=1).values.astype(float)
y=data["is_spam"].values

# 划分训练集和测试集
X_train, X_test, y_train, y_test=train_test_split(X, y, test_size=0.2, random_state=42)
```

④ 构建神经网络模型

```
class SpamClassifier(nn.Module):
def __init__(self, input_size):
    super(SpamClassifier, self).__init__()
    self.fc1=nn.Linear(input_size, 64)
    self.relu=nn.ReLU()
    self.fc2=nn.Linear(64, 1)
    self.sigmoid=nn.Sigmoid()

def forward(self, x):
    x=self.fc1(x)
    x=self.relu(x)
    x=self.fc2(x)
    x=self.sigmoid(x)
    return x

# 转换为 PyTorch 张量
X_train_tensor=torch.FloatTensor(X_train)
y_train_tensor=torch.FloatTensor(y_train).view(-1, 1)

X_test_tensor=torch.FloatTensor(X_test)
y_test_tensor=torch.FloatTensor(y_test).view(-1, 1)
```

```
# 创建 DataLoader
train_dataset=TensorDataset(X_train_tensor, y_train_tensor)
train_loader=DataLoader(train_dataset, batch_size=32, shuffle=True)
```

⑤ 初始化模型和优化器

```
model=SpamClassifier(input_size=X_train.shape[1])
criterion=nn.BCELoss()
optimizer=optim.Adam(model.parameters(), lr=0.001)
```

⑥ 训练模型

```
num_epochs=10
for epoch in range(num_epochs):
for batch_X, batch_y in train_loader:
    optimizer.zero_grad()
    outputs=model(batch_X)
    loss=criterion(outputs, batch_y)
    loss.backward()
    optimizer.step()
```

⑦ 测试模型

```
with torch.no_grad():
model.eval()
predictions=model(X_test_tensor)
predictions=(predictions>=0.5).float()
accuracy=accuracy_score(y_test_tensor.numpy(), predictions.numpy())
report=classification_report(y_test_tensor.numpy(), predictions.numpy())

print(f"Accuracy:{accuracy}")
print(f"Classification Report:\n{report}")
```

⑧ 划分特征和标签

```
X=data.drop("is_spam ", axis=1)
y=data["is_spam "]
```

⑨ 划分训练集和测试集

```
X_train, X_test, y_train, y_test=train_test_split(X, y, test_size=0.2, random_state=42)
```

练习题

1. 以下属于人工智能技术的是　　(　　)

A. 深度学习　　B. 回归分析　　C. 矩阵计算　　D. 数据方程

2. 以下不属于分类算法步骤的是　　(　　)

A. 数据收集　　B. 特征提取　　C. 数据加密　　D. 模型训练

3. 以下属于模型预处理步骤的是　　(　　)

A. 数据清洗　　B. 接口编码　　C. 接口测试　　D. 数据发送

4. 以下不属于模型训练准备工作的是　　(　　)

A. 数据传输　　B. 数据拆分　　C. 文本预处理　　D. 文本向量化

5. 以下不属于垃圾邮件公开数据集的是　　(　　)

A. CIFAR　　B. Spambase　　C. 安然　　D. PU1

第 2 章

构建一个自己的图像数据集

学习目标

知识目标

- 了解数据集的概念
- 了解数据标注的概念
- 了解深度学习任务的概念
- 了解深度学习框架

能力目标

- 理解模型训练和评估
- 理解数据清理和组织
- 掌握照片标注的方法

素质目标

- 创造力与创新：学会通过个人相册收集照片，激发创造力，寻找多样性和独特性的图像，提高数据集中的视觉表达力
- 团队协作与沟通：在照片标注和数据整理的过程中，培养与他人协作的能力，通过有效的沟通与团队协作达成共识，提高执行效率
- 责任心与可靠性：强调对数据集收集、标注和整理任务的责任心，确保每一步的可靠性，为后续的深度学习任务打下坚实的基础

2.1 背景知识

图像可以包含各种信息，从简单的二进制像素到高度复杂的视觉场景，其内容涉及色彩、形状、纹理等视觉特征。图像由像素（点）组成，每个像素都可以被赋予特定的颜色和亮度。根据图像中像素值的分布特点，图像可以分为二值图像、灰度图像和彩色图像。二值图像只有黑白两种颜色，通常用于文字识别和某些特殊效果的处理。灰度图像则只有亮度变化而没有颜色变化，常用于需要降低图像复杂度的情况。彩色图像则包含红、绿、蓝三种颜色分量，可以表现丰富的颜色变化。

图像在计算机中通常被表示为一个数字矩阵，每个元素代表一个像素。每个像素的值代表该像素的颜色和亮度，这些值通常由红色、绿色、蓝色（RGB）三个分量来表示。在 RGB 色彩空间中，每个像素的颜色可以由三个数值（0—255）表示，这三个数值分别代表红、绿、蓝三种颜色的强度。图像可以分为自然图像和人造图像。自然图像通常是指我们日常生活中常见的照片、绘画等，其特点在于它们是真实世界的直接反映。而人造图像则是指由计算机生成的图像，如计算机动画、数字艺术等。

与图像有关的基本概念有像素、分辨率等。

① 像素：图像的基本单元，是图像中最小的基本元素，如图 2－1 所示。每个像素可以包含颜色信息，例如 RGB（红绿蓝）色彩模式。

图 2－1　图像像素示意图

② 分辨率：表示图像中可见细节的数量，通常用像素的数量来表示。更高的分辨率通常意味着更多的细节和更大的图像文件。

③ 灰度图像：只包含黑白两种颜色的图像，每个像素的亮度表示其灰度级别。

④ 彩色图像：包含多种颜色的图像，通常以 RGB 模式表示。每个像素由红、绿、蓝三个通道的颜色组成。

图像的获取方式有多种，常见的是数码摄影、扫描和遥感图像。

① 数码摄影：使用数字相机或手机摄像头捕捉现实中的场景，生成数字图像。

② 扫描：将实体图纸、照片等物理媒介通过扫描仪转换为数字图像。

③ 遥感：利用卫星或飞机等远距离传感器获取地球表面的图像，用于地理信息系统（GIS）和环境监测等领域。

图像处理与分析手段包括对图像进行滤波、增强、降噪等操作，以改善图像质量或凸显特定信息。其应用范围使用计算机算法和模型对图像进行分析,例如对象检测、图像识别、人脸识别等。其具体应用领域包括以下几方面。

① 医学影像学:医学图像用于诊断和治疗监测,包括 X 射线、MRI、CT 扫描等。

② 计算机图形学:用于生成计算机图形、电影特效等。

③ 自动驾驶:通过摄像头获取实时图像,帮助汽车进行环境感知和导航。

④ 安防监控:使用摄像头对场景进行监控和分析,以保障安全。

⑤ 艺术创作:数字图像被用于创造数字艺术、电影、广告等。

作为软件开发公司的技术人员,如果需要开发一套图像分类识别系统,需要先建立一个图像数据集,之后,大致步骤包括:

① 建立简单神经网络模型。

② 数据加载和预处理。

③ 模型训练和评估。

2.2 理论支撑

2.2.1 常用的公开数据集

公开图像数据集是深度学习和计算机视觉领域中研究和评估模型性能的重要资源。以下是一些常用的公开图像数据集。

(1) ImageNet

ImageNet 是一个大规模图像数据库,包含超过 1 400 万张图像,涵盖超过 2 万个类别。它通常用于图像分类和目标识别任务。

(2) COCO (common objects in context)

COCO 数据集包含超过 300 000 张图像,其中包括对象检测、分割、关键点检测等多个任务的标注。它广泛用于图像分析和场景理解。

(3) MNIST

MNIST 是一个手写数字图像数据集,包含 60 000 张训练图像和 10 000 张测试图像。它常用于入门级的图像分类任务。

(4) Fashion-MNIST

与 MNIST 类似,Fashion-MNIST 是一个包含 10 个类别的图像数据集,用于衣物和配件的图像分类任务。

(5) PASCAL VOC (visual object classes)

PASCAL VOC 数据集包含 20 个类别的图像,用于对象检测、图像分割和分类任务。它是计算机视觉领域中的经典数据集之一。

(6) Cityscapes

Cityscapes 是一个用于城市场景分割的数据集,包含来自 50 个城市的高分辨率图像。它被广泛用于研究自动驾驶和城市智能交通系统。

(7) KITTI Vision Benchmark Suite

KITTI 数据集专注于移动机器人和自动驾驶领域,包括图像、激光雷达和 GPS 数据。它提供了多个任务的标注,如物体检测和场景流估计。

(8) Oxford-IIIT Pet Dataset

该数据集包含 37 个类别的图像,用于宠物检测和识别。每个类别都有大约 200 张图像。这些数据集涵盖了多个应用场景,从图像分类到目标检测和图像分割,适用于不同的深度学习任务。如何选择适当的数据集取决于研究或项目的具体需求。

2.2.2 数据集构建流程

数据集构造的简要的流程如下,可以参考此流程创建自己的图像数据集:

(1) 定义问题和任务

明确你想解决的问题以及需要执行的任务。这将决定数据集的类型和标注方式。

(2) 收集图像数据

① 在线数据:寻找并下载与问题相关的公开图像数据集。

② 本地数据:拍摄你自己的照片,确保涵盖问题的各个方面。或者请求朋友、家人或同事分享与主题相关的照片。

(3) 数据清洗和预处理

① 清理和筛选:删除不需要的、不合理的或重复的图像。

② 调整图像:对图像进行必要的调整,如裁剪、缩放、旋转等。

(4) 数据标注

① 手动标注:为监督学习任务,手动标注图像,添加相关标签。

② 自动标注:利用自动标注工具或算法进行标注,特别是对大规模数据集。

(5) 数据集划分

将数据集划分为训练集、验证集和测试集,确保每个集合都有足够的样本。

(6) 数据增强

应用数据增强技术,如随机旋转、翻转、亮度调整等,增加数据的多样性。

(7) 选择合适的数据格式

根据你的任务和深度学习框架的要求,选择适当的图像数据格式。

(8) 文档记录

详细记录数据集的构建过程,包括数据来源、处理方法、标注标准等。

(9) 保护隐私和合规性

确保数据集的使用符合隐私和法规要求,特别是涉及个人信息或敏感数据时。

(10) 版本控制

使用版本控制系统管理数据集的变更,以便追溯数据集的演化和修改历史。

(11) 共享和发布

如果可能,考虑将数据集分享给社区,以促进研究和合作。

通过这个流程,你将能够创建一个适用于你的项目的自定义图像数据集。在整个过程中,保持对数据质量和标注准确性的关注非常重要。

2.3 实训案例:图像数据收集项目

2.3.1 需求分析

(1) 项目背景

随着个人相册中照片的不断积累,我们有机会利用这些图像数据建立一个个性化的图像数据集。该数据集可用于深度学习任务,如图像分类、目标检测、人脸识别等。需求分析旨在明确项目目标、数据集特征和操作流程。

(2) 项目目标

① 建立多样性的数据集:构建包含不同主题、场景、时间的图像数据集,以反映个人生活的多样性。

② 标注关键信息:对照片进行关键信息的标注,如人物识别、地点标记等,以支持监督学习任务。

③ 深度学习任务:探索应用深度学习任务,例如图像分类,以验证数据集的实际应用性。

(3) 用户需求

① 易用性:使用过程简单易懂,不需要专业技能,能够通过用户界面轻松完成任务。

② 自动标注:提供自动标注功能,支持图像内容的快速识别和标注。

③ 数据隐私:保障用户个人照片的隐私安全,确保不会泄露敏感信息。

(4) 数据集特征

① 多样性:数据集应包含家庭活动、旅行、特殊场合等不同主题的照片。

② 准确性:关键信息标注应准确,以提高数据集的质量。

③ 适用性:数据集设计应考虑适用于不同深度学习任务,增加其通用性。

(5) 操作流程

① 数据导入:用户能够轻松导入个人相册中的照片,支持批量导入。

② 标注界面:提供用户友好的标注界面,支持手动和自动标注的切换。

③ 任务选择:用户能够选择不同深度学习任务,并根据任务需求调整数据集构建参数。

(6) 数据安全性

① 数据备份:提供数据备份功能,确保用户的个人照片在整个过程中不会丢失。

② 隐私保护:确保用户上传的个人照片得到妥善保护,不被滥用或泄露。

(7) 可扩展性

① 支持新功能:系统设计应具有良好的可扩展性,以支持未来可能的新功能和任务。

② 数据集更新:用户能够方便地更新已有数据集,以适应个人相册的动态变化。

通过满足上述需求,我们可实现一个简单易用、功能丰富且安全可靠的系统,使用户能够从个人相册中构建出一个有用的、多样性的图像数据集。在整个过程中,用户体验和数据安全性是关键考虑因素。

2.3.2　项目开发计划书

(1) 项目目标

构建用户个性化的图片数据集,以支持深度学习任务,如图像分类、目标检测、人脸识别等。

(2) 需求分析

详见 2.3.1。

(3) 项目计划

第 1 阶段:项目准备

① 定义项目范围和目标:明确项目的具体任务和期望达到的目标。

② 团队组建:组建项目团队,明确每个成员的职责。

③ 技术选型:选择适用于图像处理和深度学习任务的技术框架,如 PyTorch 或 TensorFlow。

第 2 阶段:系统设计

① 架构设计:设计系统的整体架构,包括用户界面、数据存储、自动标注系统等。

② 数据库设计:设计数据库结构,以存储用户上传的图像和相关标注信息。

第 3 阶段:开发

① 搭建基础环境:部署开发环境,搭建数据库和服务器。

② 图像处理模块开发:实现图像处理模块,包括图像调整、裁剪、缩放等功能。

③ 标注系统开发:开发标注系统,支持手动和自动标注,确保标注准确性。

第 4 阶段:测试

① 单元测试:对各个模块进行单元测试,确保各功能正常运行。

② 系统集成测试:对整个系统进行集成测试,验证模块之间的协同工作。

第 5 阶段:优化与改进

① 用户反馈收集:发布测试版,收集用户反馈,优化系统功能。

② 性能优化:对系统性能进行优化,确保稳定性和响应速度。

(4) 项目交付与发布

项目开发结束后,应编写详细的用户手册,以帮助用户了解系统的使用方法,并为团队成员和初次使用系统的用户提供培训。正式发布指系统正式上线,可供用户使用。同时,应建立系统监控机制,及时处理用户反馈和系统异常。

(5) 项目风险管理

① 风险识别:对可能影响项目进度和质量的风险进行识别。

② 风险应对:制定相应的风险应对计划,确保项目能够在风险出现时迅速做出反应。

(6) 项目总结

① 成果展示:展示项目的最终成果,包括系统功能、性能指标等。

② 问题与反思:总结项目中遇到的问题,提出改进和优化的建议。

项目的开发计划确保在满足用户需求的同时,保持产品的高效、稳定和用户友好。

2.3.3 数据收集

收集和整理个人相册数据集时,需要遵循一些原则,以确保数据的质量、安全性和合规性。以下是一些关键原则。

① 隐私保护:确保收集的照片不包含敏感信息,尊重个人隐私。避免收集可能涉及个人身份、财务信息或其他敏感信息的照片。

② 明确目的:明确数据集的使用目的,确保在合法和透明的前提下进行数据收集。只收集与项目目标相关的照片。

③ 用户授权:获取用户的明确授权,确保用户同意其照片被用于特定目的。提供明确的隐私政策和用户协议,让用户知道他们的照片将如何被使用。

④ 标注准确性:如果进行图像标注,确保标注的准确性。准确的标注对于深度学

习任务至关重要，同时也增加了数据集的价值。

⑤ 多样性和代表性：确保数据集具有多样性，包括不同的场景、主题、时间和地点。这有助于提高模型的泛化能力。

⑥ 保证质量：在收集和整理数据时，确保数据的质量。删除模糊、重复或无关紧要的照片，以提高数据集的有效性。

⑦ 安全存储：存储收集的数据时，采取适当的安全措施，以防止未经授权的访问、泄露或损坏。

⑧ 兼容性：确保数据集的格式和结构与所选的深度学习框架或工具兼容。这有助于简化数据集的使用和整合。

⑨ 透明度：与数据集的使用者和贡献者保持透明沟通。提供清晰的文档，说明数据集的组成、用途和限制。

⑩ 用户教育：向用户提供有关数据收集目的和流程的教育，增强其对项目的理解和信任。

⑪ 及时更新：定期更新数据集，以反映个人相册的动态变化，确保数据的新鲜性和实用性。

2.3.4 数据预处理

当处理个人相册数据集时，充分的数据预处理对于深度学习模型的性能至关重要。以下是一些详细的数据预处理步骤和注意事项。

① 去除模糊图像：使用图像处理技术（如高斯模糊）识别并去除模糊的图像，确保训练数据质量。

② 调整曝光度和对比度：根据需要调整图像的曝光度和对比度，确保图像质量一致。

③ 图像大小和尺度的标准化：根据需要统一图像大小，以减少模型输入的复杂性。同时将像素值缩放到 0 到 1 的范围，使模型更容易学习。

④ 数据增强技术的应用：包括随机裁剪、旋转和翻转。

随机裁剪和旋转：增加数据的多样性，提高模型的泛化性能。

随机翻转：水平或垂直翻转图像，增加样本数量。

⑤ 噪声处理：使用滤波器或其他去噪技术，确保图像清晰度。

⑥ 标签处理和独热编码：确保标签与图像对应，采用适当的标签格式。如果是多类别分类问题，进行独热编码以适应模型输出。

⑦ 类别平衡：避免过采样或欠采样。确保不同类别的样本数量相对平衡，以防止模型偏向于样本较多的类别。

⑧ 数据集分割:将数据集划分为训练集和测试集,以便评估模型性能。

⑨ 验证集的使用:在训练过程中使用验证集来调整模型超参数,提高泛化性能。

⑩ 保存原始数据备份:在进行任何处理之前,保存原始图像的备份,以便在需要时能够回溯到原始数据。

⑪ 数据可视化检查:在进行最终训练之前,可视化处理后的图像,确保图像变换符合预期。

⑫ 记录和文档化:记录每个预处理步骤,以便能够复现整个处理过程。编写文档描述数据集的预处理过程和格式。

这些详细的预处理步骤有助于确保数据集的质量、多样性和适用性,提高模型在真实世界中的表现。

以图像去模糊为例,在图像预处理中去除模糊图像的代码可以使用一些滤波技术,比如可以使用 PyTorch 中的卷积操作来应用高通滤波器:

```
import torch
import torch.nn as nn
import torch.nn.functional as F
from torchvision import transforms
from PIL import Image
# 自定义高通滤波器
high_pass_filter=torch.tensor([[-1, -1, -1], [-1,8, -1], [-1, -1, -1]],
dtype=torch.float32)
# 图像去模糊的函数
def deblur_image(image_path, filter):
    # 读取图像
    image=Image.open(image_path).convert('L')  # 转为灰度图
    image=transforms.ToTensor()(image).unsqueeze(0)
    # 卷积操作,应用高通滤波器
    blurred_image= F.conv2d(image, filter.unsqueeze(0).unsqueeze(0),
padding=1)
    # 得到去模糊后的图像
    deblurred_image=image-blurred_image
    # 可以选择对结果进行裁剪或其他后处理操作
    # 将张量转为图像
```

```
    deblurred_image=transforms.ToPILImage()(deblurred_image.squeeze(0))
    return deblurred_image
# 示例使用
input_image_path='path/to/your/image.jpg'
output_image=deblur_image(input_image_path,high_pass_filter)
# 显示原始和去模糊后的图像
image.open(input_image_path).show(title='Original Image')
output_image.show(title='Deblurred Image')
```

2.3.5 用工具自动标注数据集

标注个人相册数据集时，可以使用各种工具来实现高效而准确的自动标注。以下是一些常用的工具和它们的优势。

(1) 图像标注工具

① LabelImg：LabelImg 是一个开源的图像标注工具，支持多种标注形状，如矩形、圆形等。它易于使用，可以帮助标注个人相册中的目标区域。

② RectLabel：这是一款适用于 macOS 的图像标注工具，具有用户友好的界面和直观的操作。支持矩形、椭圆等标注形状。

③ VGG Image Annotator (VIA)：VIA 支持图像和视频的标注，适用于个人相册中的视频内容。它提供了多种标注工具，如矩形、多边形和点标注。

④ Labelbox：Labelbox 是一个平台化的工具，支持团队协作、数据版本控制和多种标注任务，适用于大规模数据集和多标签场景。

⑤ Supervisely：这是一个具有图像标注、数据管理和模型训练功能的综合平台，适用于个人相册数据集的多样性标注需求。

(2) 深度学习标注工具

① RectLabel Pro：该工具使用深度学习技术，能够自动检测和标注个人相册中的对象。用户可以通过纠正和验证自动生成的标注，提高标注的准确性。

② COCOAnnotator：这是一个基于 Web 的工具，支持图像和视频的标注，可以用于个人相册数据集的深度学习标注任务。

(3) 3D 场景标注工具

Labelbox 3D：针对包含深度信息或立体图像的个人相册数据集，Labelbox 3D 提供了用于三维场景标注的工具，支持点云和立体图像的标注。

在选择标注工具时，要考虑数据集的特点、标注任务的复杂性以及团队的协作需求。一些工具提供了强大的自动标注功能，而另一些则更侧重于用户交互和团队协作。根据具体的标注需求选择适当的工具，以确保高效、准确地完成个人相册数据集的标注工作。

标注图像数据集是机器学习和计算机视觉项目中至关重要的步骤之一，正确的标注对于模型的性能和泛化能力至关重要。以下是一些标注图像数据集时需要遵循的原则。

① 明确定义任务：在开始标注之前，明确定义任务是十分重要的。任务的定义涉及你希望模型从图像中学到什么信息，是目标检测、图像分类、语义分割等。具体的任务定义将有助于标注的一致性和准确性。

② 统一标注规则：制定一套统一的标注规则，确保所有标注员按照相同的标准进行标注。这包括对象的边界框定义、类别的标注规则、遮挡的处理等。统一规则有助于消除标注员之间的主观差异，提高标注数据的质量。

③ 提供标注指南：为标注员提供详细的标注指南，包括标注规则、样本图像和标注示例。这可以帮助标注员理解任务的复杂性，减少标注错误，并保持标注的一致性。

④ 多视角标注：对于目标检测等任务，考虑从不同视角标注对象。这有助于提高模型对于对象的鲁棒性，使其在不同角度和姿势下都能进行准确的预测。

⑤ 标注质量控制：引入标注质量控制的机制，例如标注结果的审核和反馈。定期检查标注结果，提供反馈，确保标注员保持高质量的标注水平。

⑥ 应对标注不确定性：有时候，图像可能存在歧义或不确定性。为标注员提供一种反映这种不确定性的方式，例如通过标注边界框的模糊程度或给出不确定性的标签。

⑦ 数据平衡：在标注数据时，确保各个类别的样本数目相对平衡。不平衡的数据集可能导致模型在少数类别上表现较差。如果数据不平衡，可以考虑使用数据增强技术或者采用一些处理方式来平衡数据集。

⑧ 隐私保护：对于涉及个人信息的图像，确保在标注时采取适当的隐私保护措施。可以对图像进行模糊处理，避免敏感信息泄露。

⑨ 版本控制：在标注数据集的过程中，保持对数据集版本的控制。这有助于追溯标注历史，排查潜在问题，并进行数据集的更新和维护。

⑩ 标注员培训：对标注员进行充分的培训，使其了解任务的背景、标注规则和标注工具的使用。培训有助于提高标注员的专业水平，确保标注的一致性和准确性。

在图像数据集标注过程中，以上原则有助于确保标注的可信度、一致性和适用性，从而提高模型的性能和泛化能力。

2.3.6　按照标注结果管理自己的相册

在个人相册的图像标注任务中，按照标注和分类结果管理相册是一种提高效率的方式，让人能够轻松地浏览和检索照片。以下是一些管理相册的建议。

① 创建分类标签：要为相册中的照片创建清晰的分类标签。这些标签可以根据照片的内容、主题、地点或时间等因素进行分类。例如，可以创建标签如“家庭聚会”“度假”“宠物”等。

② 基于目标创建子文件夹：将相册分成几个子文件夹，每个文件夹对应一个特定的分类。例如，有一个“假日”分类，可以在相册中创建一个名为“假日”的文件夹，将相关照片移动到该文件夹中。

③ 使用图像标签工具：在照片的元数据中添加标签信息。可以使用图像编辑工具或专门的图像管理软件，将标签直接嵌入到照片的元数据中。这样，可以通过搜索或过滤标签来查找特定分类的照片。

④ 时间和地点分类：利用照片的拍摄时间和地点信息进行分类。根据照片的日期创建时间分类，或者根据拍摄地点创建地点分类。这有助于按照时间或地理位置方便地浏览照片。

⑤ 使用相册管理应用：考虑使用专门的相册管理应用，这些应用通常具有强大的标签和分类功能。它们可以根据标签、日期或其他条件自动组织您的照片。

⑥ 创建智能相册：一些相册管理应用或云服务提供智能相册功能，可以根据图像内容自动分类照片。这样的功能利用机器学习算法，可以识别和分类图像中的对象、场景等。

⑦ 利用云服务：将相册上传到云服务，如 Google Photos、Apple iCloud 等，这些服务通常提供智能分类和搜索功能，可以根据图像内容、时间、地点等条件轻松管理相册。

⑧ 定期整理：定期对相册进行整理和更新。删除不需要的照片，确保每张照片都正确分类。这有助于保持相册的整洁和易于管理。

通过以上方法，可以根据分类结果高效地管理相册，更轻松地找到并回顾特定主题或时刻的照片。

练习题

1. 以下不属于图像公开数据集的是　（　　）

A. ImageNet　　B. TTco　　C. COCO　　D. MNIST

2. 以下不属于数据集构建流程的是 （　　）

A. 收集图像数据　B. 数据清洗　C. 数据散化　D. 数据预处理

3. 数据集收集的时候要注意 （　　）

A. 工具类别　B. 多样性　C. 收费标准　D. 保密性

4. 以下属于数据预处理过程的是 （　　）

A. 去处模糊图像　B. 调整存储空间　C. 接口测试　D. 数据接收

5. 以下属于图像标注工具的是 （　　）

A. LabImg　B. LabelImg　C. FaLabel　D. TaLabel

第 3 章

用人工神经网络实现自动化职业匹配

学习目标

知识目标

- 了解神经网络的基本原理、结构和工作机制
- 了解激活函数、权重调整和偏差的作用
- 掌握反向传播算法
- 熟悉自动化职业匹配背景知识

能力目标

- 能够用 Python 搭建反向传播神经网络
- 能够分析模型训练和推理中产生的错误信息
- 培养运用神经网络技术解决实际问题的创新思维

素质目标

- 思考算法的改进方式
- 了解人工神经网络和自动化匹配领域的发展
- 养成持续学习的学习态度
- 了解维护个体隐私和数据安全的重要性

3.1 背景知识

随着职业市场的竞争日益激烈，人们要寻找一种更智能、更个性化的方法来匹配个人技能与工作需求。本项目旨在利用神经网络技术，构建一个职业推荐系统，通过分析个人技能和职业要求的匹配程度实现求职打分，为用人单位和求职者提供更准确的职业匹配和推荐。本章的学习目标有以下几点。

① 理解神经网络原理：通过项目实战学习神经网络的基本原理，包括前向传播和反向传播，以及神经网络如何学习和优化。

② 数据收集与清洗：学习如何收集和清洗包含个人技能和职业要求信息的数据，为模型训练做好准备。

③ 特征工程：掌握如何对数据进行特征工程，将原始数据转化为神经网络可以处理的格式，包括文本数据的嵌入表示。

④ 模型构建：学会使用深度学习框架构建神经网络模型，设计适合职业推荐任务的深度神经网络结构。

⑤ 训练与优化：了解神经网络的训练过程，使用反向传播算法优化模型参数，调整超参数以提高模型性能。

⑥ 评估与调优：学习如何评估模型的性能，调优模型以提高准确度和推荐的个性化程度。

⑦ 部署与应用：掌握将训练好的模型部署到生产环境中的方法，构建一个实际可用的职业推荐系统。

通过这个项目，可以深入了解神经网络在推荐系统中的应用，学会如何处理和分析职业数据，以及如何设计和训练一个实用的神经网络模型。以下是一些公开的、常用的、英语语境下的求职数据集，它们可以用于研究和实践与职业、招聘和劳动市场相关的数据科学任务。

① Kaggle Job Titles and Skills Dataset：该数据集包含了大量的职位标题以及与这些职位相关的技能。这对于分析职业领域的关键技能和需求非常有用。

② Job Postings Dataset (LinkedIn)：该数据集来自 LinkedIn，包含了招聘职位的详细信息，如公司、地点、职位描述等，适用于招聘趋势分析和自然语言处理任务。

③ Glassdoor Job Listings Dataset：从 Glassdoor 网站抓取的数据，包含了大量的工作岗位列表信息，可用于研究公司、职位薪资和员工评价等方面。

④ US Bureau of Labor Statistics (BLS) Databases：美国劳工统计局提供了多个

数据库，其中包含了有关就业、工资、职业需求和行业趋势等方面的详细数据。

⑤ Kaggle Job Salary Prediction Dataset：该数据集用于 Kaggle 竞赛，包含了有关工作职位的信息，可用于薪资分析。

⑥ GitHub Jobs API：GitHub 提供的 API，可用于获取 GitHub 上发布的 IT 和开发工作的信息，适用于分析技术领域的招聘趋势。

在使用这些数据集时，须遵守相关的使用协议和法规。这些数据集可以用于从简单的描述性分析到机器学习和深度学习任务的多个方面的研究和实践。

3.2 理论支撑

3.2.1 人工智能项目开发基本流程

人工智能项目的开发流程通常包括以下关键步骤，这些步骤有助于确保项目的顺利进行并取得良好的结果。

(1) 问题定义与理解

在项目的初期，明确定义解决的问题是至关重要的。这包括确定问题的范围、目标，以及项目期望达到的结果。团队需要与业务领域专家紧密合作，确保对问题有全面的理解。

(2) 数据收集与准备

数据是人工智能项目的关键组成部分。团队需要收集、清洗、预处理数据，以确保数据质量和一致性。这可能包括缺失值处理、异常值检测、标签标注等步骤。

(3) 探索性数据分析

通过可视化和统计工具进行探索性数据分析，帮助团队更好地理解数据的分布、关系和趋势。探索性数据分析有助于发现数据中的模式和规律。

(4) 模型选择与设计

根据问题的性质选择合适的模型，可能涉及机器学习算法、深度学习模型或其他人工智能方法。同时设计模型的结构和架构，并考虑超参数的选择。

(5) 模型训练与调优

使用训练数据集对模型进行训练，并通过验证集进行调优。这包括调整模型的权重、学习率、正则化等参数，以提高模型的性能。

(6) 模型评估与验证

使用测试数据集对训练好的模型进行评估，了解模型在未见过的数据上的性能。考虑使用各种评估指标，如准确度、精确度、召回率、F1 分数等。

(7) 部署与集成

将训练好的模型部署到实际应用中。这可能涉及与现有系统的集成,确保模型可以在实际环境中运行。部署还需要考虑模型的性能、稳定性和可扩展性。

(8) 监控与维护

在部署后,定期监控模型的性能。如果模型性能下降或出现问题,可能需要重新训练模型或进行调整。维护也包括更新模型以适应新数据和业务需求。

(9) 文档与知识转移

为了确保项目的可持续性,团队应该撰写清晰的文档,包括项目背景、数据集描述、模型架构、参数设置等信息。此外,知识转移也很重要,以确保团队成员能够理解和维护项目。

(10) 反馈与改进

根据实际使用情况和用户反馈,对项目进行改进。这可能涉及更新模型、优化算法、改善数据质量等。

以上流程的具体步骤可能会根据项目的性质和需求而有所不同,但这个基本流程提供了一个通用框架,可用作人工智能项目开发的起点。

3.2.2 反向传播神经网络模型

在深度学习中,反向传播神经网络是一种用于训练神经网络的关键算法。它通过梯度下降优化模型参数,使得神经网络能够逐渐学习并适应复杂的任务。以下是关于反向传播神经网络的几个基本概念。

(1) 前向传播

前向传播是神经网络用于生成预测的过程。输入数据通过每一层的神经元(如图1-1所示),通过权重和激活函数的计算,最终得到网络的预测输出。这个过程构建了神经网络的模型,并将输入映射到输出。

(2) 损失函数

损失函数度量了模型的输出与实际标签之间的误差。常见的损失函数包括均方误差和交叉熵损失。优化的目标是最小化损失函数(即求解使得损失函数最小化的解)。

(3) 反向传播

反向传播是训练神经网络的核心。通过使用链式法则,可以计算损失函数相对于每个权重的梯度。这包括计算输出层梯度,将梯度传播回隐藏层,最终通过梯度下降算法更新权重。

(4) 计算梯度

梯度表示了损失函数对于每个参数的变化率。梯度的计算涉及对神经网络中所有权重和偏置的偏导数的计算。这个过程使用了链式法则，将误差从输出层传播回输入层。

(5) 优化算法

梯度下降是最常见的优化算法，通过不断沿梯度的反方向更新权重来最小化损失函数。其他优化算法如随机梯度下降、Adam 和 RMSprop 等也被广泛应用，上述算法在不同的情境下可能各有优势。

(6) 超参数调整

学习率是梯度下降中的一个关键超参数。合适的学习率能够确保收敛到最优解，而不合适的学习率可能导致收敛缓慢或发散。超参数调整是一个实践中的重要步骤，通过验证集性能来选择最佳的超参数。

(7) 正则化

为防止过拟合，可以采用正则化技术，如 L1 正则化和 L2 正则化。这些技术对权重进行惩罚，防止模型在训练集上过度拟合，提高模型的泛化能力。

(8) 反复迭代

反向传播和权重更新是一个迭代的过程。这个过程在整个训练数据集上进行多次迭代计算，每次迭代称为一个 epoch(周期)。每个 epoch 包括前向传播、损失计算、反向传播和权重更新。

(9) 收敛与停止条件

训练神经网络需要观察损失函数的收敛情况。通常，当损失函数不再显著减小时，或者验证集上的性能不再提升时，训练过程停止。

(10) 反向传播的应用

反向传播广泛应用于深度学习任务，包括图像识别、语音识别、自然语言处理等领域。它使得神经网络能够通过大量数据进行学习，从而实现对复杂任务的高效处理。通过理解反向传播的原理，深度学习从业者能够更好地调整神经网络，提高模型性能，解决实际问题。

3.3 实训案例：求职打分系统项目

3.3.1 需求分析

(1) 项目背景与项目目标

在当前招聘市场中，企业和求职者面临着繁杂的信息互动。为了更有效地匹配职位与求职者，我们计划开发一个基于反向传播神经网络的求职打分系统，该系统将分析求职者的简历和企业职位要求，为每个求职者生成一个综合的打分，以便企业更快速、准确地筛选适合的候选人。

（2）功能需求

① 简历解析：系统能够解析求职者提供的简历，提取关键信息，包括但不限于教育背景、工作经历、技能等。

② 职位分析：从企业提供的职位描述中提取关键技能、经验要求等信息。

③ 特征工程：基于简历和职位信息，设计并提取有效的特征，以供神经网络训练。

④ 神经网络模型：构造一个反向传播神经网络模型，该模型能够学习求职者的特征与职位要求之间的关系。

⑤ 打分系统：利用训练好的神经网络模型为每个求职者生成一个打分，该打分反映了其与特定职位的匹配程度。

⑥ 用户界面：实现一个直观、用户友好的界面，企业用户能够上传求职者简历和职位要求，并查看生成的求职者打分。

（3）性能需求

① 准确性：打分系统应该具有高准确性，能够准确地反映求职者与职位的匹配程度。

② 响应时间：在上传简历和职位后，系统应该在合理的时间范围内生成打分结果，以提高用户体验。

（4）安全性需求

确保用户上传的简历和职位信息得到充分保护，防止数据泄露或滥用。

（5）可扩展性

系统应该具有一定的可扩展性，能够容易地集成新的特征工程方法或调整神经网络结构，以适应不同的行业和职位要求。

（6）可维护性

提供充分的文档，使得系统容易维护。确保代码结构清晰，易于理解和修改。

（7）用户培训

提供相关的用户培训材料和培训会议，以确保企业用户能够充分利用该系统。

（8）法律合规性

系统应该遵守相关的数据保护法规和招聘行业的规范，确保在使用个人信息时不违反法规。

（9）测试计划

制定详细的测试计划，包括单元测试、集成测试和系统测试，以确保系统的各个部分都能够正常运行并满足需求。

(10) 项目进度计划

制定详细的项目进度计划,包括各个阶段的任务、里程碑和交付物,确保项目按时交付。

通过满足以上需求,基于反向传播神经网络的求职打分系统将成为一款强大而实用的工具,有助于提高招聘过程的效率和准确性。

3.3.2 项目开发计划书

(1) 项目目标

项目背景与目标:针对招聘市场的需求,开发一个智能求职打分系统,利用反向传播神经网络模型,提高招聘流程的效率和准确性。

(2) 需求分析

详见 3.3.1。

(3) 技术方案

① 技术选择

采用深度学习框架,如 TensorFlow 或 PyTorch,实现反向传播神经网络。

使用 NLP 技术进行简历和职位的文本分析。

数据库选择:使用适当的数据库存储用户信息和系统数据。

② 开发语言

使用 Python 作为主要开发语言,结合相关深度学习库和框架。

③ 数据安全

采取数据加密和访问控制等措施,确保用户上传的数据得到充分保护。

(4) 项目计划

① 项目阶段划分

第 1 阶段(1～2 周):确定项目范围、需求分析、技术方案选择。

第 2 阶段(3～4 周):系统设计,包括数据库设计、用户界面设计等。

第 3 阶段(5～8 周):开发模型,实现简历解析、职位分析、特征工程等功能。

第 4 阶段(9～12 周):实现系统的前后端集成,进行初步的系统测试。

第 5 阶段(13～16 周):优化系统性能,进行用户测试和反馈收集。

第 6 阶段(17～20 周):最终测试、文档编写和项目交付。

② 项目任务分配

项目经理:负责项目管理和协调。

开发人员:负责系统开发和模型设计。

测试人员:负责系统测试和用户反馈收集。

③ 项目风险评估

技术风险：针对深度学习技术的快速变化，建立技术监测机制，随时调整技术方案。

人力风险：实施合理的项目管理，确保各个团队成员理解并履行其责任。

（5）质量保障与测试

① 测试计划：制定详细的测试计划，包括单元测试、集成测试、系统测试等。

② 质量保障：设立质量保障团队，负责监督项目实施过程，确保项目按质按时完成。

（6）项目交付与维护

① 项目交付：按照项目计划，及时交付符合用户需求的系统。

② 项目维护：设立专门的维护团队，负责系统的后期维护和更新。

（7）用户培训与文档编写

① 用户培训：提供相关的用户培训材料和培训会议，确保企业用户能够充分利用系统。

② 文档编写：编写详细的项目文档，包括需求文档、设计文档、用户手册等。

（8）预算与资源

① 项目预算：确定项目开发所需的预算，包括人力、硬件、软件等方面的费用。

② 项目资源：确保项目所需的人力和硬件资源得到充分配置，以保障项目的正常进行。

（9）项目评估与改进

① 项目评估：在项目交付后，进行项目评估，收集用户反馈，总结项目经验。

② 改进计划：制定项目改进计划，解决项目中存在的问题，提高项目开发效率。

（10）法规遵从

确保系统设计符合相关的法规和隐私政策，保护用户的个人信息安全。

以上计划书提供了一个全面的项目开发框架，旨在确保项目的高质量交付和顺利实施。

3.3.3　用 PyTorch 构建数据集

构建数据集是进行机器学习和数据分析的关键步骤之一。从公司提供的信息构建数据集涉及以下步骤。

（1）明确问题和目标

确定你希望从数据中解决的问题和达到的目标。这将有助于确定需要收集的数据类型和变量。

(2) 了解公司提供的信息

详细了解公司提供的信息，包括可用的数据源、数据格式、数据结构以及可能的限制和缺陷。与公司的相关团队或数据提供者进行沟通，确保对数据的理解是准确的。

(3) 数据预处理

检查和清理数据，处理缺失值、异常值和重复项。确保数据的质量和一致性。如果数据需要进行格式转换或标准化，执行相应的操作。

(4) 选择变量和特征

根据问题的性质选择需要的变量和特征。这可能涉及对公司提供的信息进行筛选，选择对问题有意义的数据。

(5) 数据整合

如果公司提供的信息分布在不同的数据源中，需要进行数据整合。确保数据的键和索引匹配，以便将它们合并为一个完整的数据集。

(6) 标注数据

如果问题涉及监督学习，需要先标注数据。这包括给每个样本分配正确的标签或类别，以便模型可以学习。

(7) 生成额外特征

根据问题的需要，可能需要生成一些额外的特征。这可能包括从现有数据中提取新的信息或通过变换创建新的特征。

(8) 确保数据隐私与安全

在处理公司提供的信息时，务必确保遵守数据隐私和安全规定。对于敏感信息，可能需要进行匿名化或脱敏处理，以保护用户隐私。

(9) 数据分割

将数据集分割为训练集、验证集和测试集。这有助于评估模型的性能，并避免过拟合。

(10) 文档化

文档化数据集的构建过程，包括数据来源、变量解释、处理步骤和任何前期决策。这有助于其他团队成员理解数据集的背景和用途。

(11) 不断迭代

数据集的构建是一个迭代过程。根据模型的表现和进一步的分析，可能需要调整变量、重新处理数据或收集更多的信息。

(12) 验证数据集质量

使用统计工具和可视化方法验证数据集的质量。这有助于识别潜在问题和异常，提高模型的可靠性。

(13) 备份数据

确保对原始和处理后的数据进行备份。这有助于在需要时回溯或纠正错误。

通过按照上述步骤构建数据集，将能够准备好用于机器学习和分析的数据。基于公司自有数据集的算法模型学习任务，首先涉及将原始数据转换成 PyTorch 可以处理的形式。以下是一个使用 PyTorch 构建数据集的简单示例。

(1) 导入必要的库

首先，导入 PyTorch 和其他必要的库。

```
import torch
from torch.utils.data import Dataset, DataLoader
```

(2) 定义数据集类

创建一个自定义的数据集类，继承自 torch.utils.data.Dataset。在这个类中，你需要实现__init__、__len__和__getitem__方法。

```
class JobScoreDataset(Dataset):
    def __init__(self, data, labels):
        self.data=data
        self.labels=labels

    def __len__(self):
        return len(self.data)

    def __getitem__(self, index):
        sample={'data':self.data[index], 'label':self.labels[index]}
        return sample
```

(3) 准备数据

将公司提供的信息整理成 PyTorch 可以处理的数据结构。这可能涉及数据的加载、清理和转换。

```
# 示例数据
raw_data=[...]  # 公司提供的原始数据
```

```
raw_labels=[...]  # 相应的标签

# 数据预处理
# 这里需要根据实际情况进行数据清理、转换等操作
processed_data=[...]  # 处理后的数据
processed_labels=[...]  # 处理后的标签
```

(4) 创建数据集实例

使用定义的数据集类创建数据集实例。

```
job_score_dataset = JobScoreDataset(data = processed_data, labels = processed_labels)
```

(5) 创建数据加载器

使用 torch.utils.data.DataLoader 创建数据加载器,以便在训练过程中对数据进行批量加载。现在,data_loader 就可以用于训练你的 PyTorch 模型了。在训练循环中,你可以迭代这个数据加载器,逐批次获取数据。

```
batch_size=32
data_loader=DataLoader(job_score_dataset, batch_size = batch_size, shuffle=True)
```

注意,在实际操作中要确保根据你的任务和数据结构适当调整数据集类的定义。

3.3.4 搭建模型

搭建基于反向传播神经网络的求职打分模型涉及多个步骤,从准备数据到模型训练。以下是一个通用的步骤:

(1) 数据准备

从公司提供的求职信息中提取相关特征,这可能包括求职者的教育背景、工作经验、技能等。同时,确定目标变量,即打分标准。

```
# 示例数据
job_data={
    'education':['Bachelor', 'Master', 'PhD'],
```

```
        'experience':[1,2,3],
        'skills':['Python','Machine Learning','Communication'],
        'language_skills':['English','Spanish'],
        'certifications':['Certified Data Scientist','Project Management'],
        'target_score':[80,90,75]
    }
```

(2) 数据预处理

将文本特征转换为数字表示,处理缺失值,进行归一化等预处理操作。

```
    # 示例数据预处理
    from sklearn.preprocessing import LabelEncoder, MinMaxScaler
    label_encoder=LabelEncoder()
    job_data['education']=label_encoder.fit_transform(job_data['education'])
    scaler=MinMaxScaler()
    job_data['experience'] = scaler.fit_transform([[exp] for exp in job_data
['experience']])
```

(3) 创建 PyTorch 数据集类

创建一个 PyTorch 数据集类,继承自 torch. utils. data. Dataset,用于加载和处理数据。

```
    import torch
    from torch.utils.data import Dataset

    class JobDataset(Dataset):
        def __init__(self, data):
            self.features=torch.tensor(data['features'].values, dtype=torch.
float32)
            self.labels=torch.tensor(data['target_score'].values, dtype=torch.
float32)

        def __len__(self):
```

```
        return len(self.features)

    def __getitem__(self, idx):
        return {'features':self.features[idx], 'label':self.labels[idx]}
```

(4) 划分数据集

将数据集划分为训练集、验证集和测试集。

```
from sklearn.model_selection import train_test_split
train_data, test_data = train_test_split(job_data, test_size = 0.2, random_state=42)
train_data, val_data = train_test_split(train_data, test_size = 0.1, random_state=42)
```

(5) 初始化模型

设计一个反向传播神经网络模型。

```
import torch.nn as nn
class JobScoreNN(nn.Module):
    def __init__(self, input_size):
        super(JobScoreNN, self).__init__()
        self.fc1=nn.Linear(input_size, 64)
        self.fc2=nn.Linear(64, 1)

    def forward(self, x):
        x=torch.relu(self.fc1(x))
        x=self.fc2(x)
        return x
```

3.3.5 训练模型

在训练模型时，通常采用优化算法，如梯度下降，对模型参数进行迭代，以最小化损失函数。

```
from torch.utils.data import DataLoader

# 定义超参数
input_size=len(job_data.columns)-1
batch_size=32
learning_rate=0.001
epochs=10

# 创建数据集和加载器
train_dataset=JobDataset(train_data)
val_dataset=JobDataset(val_data)
train_loader=DataLoader(train_dataset, batch_size=batch_size, shuffle=
True)
val_loader=DataLoader(val_dataset, batch_size=batch_size, shuffle=False)

# 初始化模型、损失函数和优化器
model=JobScoreNN(input_size)
criterion=nn.MSELoss()
optimizer=torch.optim.Adam(model.parameters(), lr=learning_rate)

# 训练模型
for epoch in range(epochs):
    model.train()
    for batch in train_loader:
        features, labels=batch['features'], batch['label']
        optimizer.zero_grad()
        outputs=model(features)
        loss=criterion(outputs, labels.unsqueeze(1))
        loss.backward()
        optimizer.step()

    # 在验证集上评估模型
```

```
    model.eval()
    val_loss=0.0
    with torch.no_grad():
        for batch in val_loader:
            features, labels=batch['features'], batch['label']
            outputs=model(features)
            val_loss+=criterion(outputs, labels.unsqueeze(1)).item()

    print(f'Epoch {epoch+1}/{epochs}, Training Loss: {loss.item()}, Validation Loss:{val_loss/len(val_loader)}')
```

在模型训练完成后，要在测试集上评估模型的性能。

```
test_dataset=JobDataset(test_data)
test_loader=DataLoader(test_dataset, batch_size=batch_size, shuffle=False)

model.eval()
test_loss=0.0
with torch.no_grad():
    for batch in test_loader:
        features, labels=batch['features'], batch['label']
        outputs=model(features)
        test_loss+=criterion(outputs, labels.unsqueeze(1)).item()

print(f'Test Loss:{test_loss/len(test_loader)}')
```

然后可以使用模型进行预测。

```
# 假设有新的求职信息需要进行打分预测
new_job_info=torch.tensor([[...]], dtype=torch.float32)  # 替换为实际的新数据
```

```
predicted_score=model(new_job_info)
print(f'Predicted Score:{predicted_score.item()}')
```

在实际操作中,可能还需要调整超参数、选择不同的模型架构,并进行更详细的特征工程,然后再进行训练。

3.3.6　用反向传播神经网络模型实现求职打分

设计反向传播神经网络并训练模型是基于反向传播神经网络求职打分项目的核心任务。以下是设计和训练模型的步骤。

(1) 数据准备

确保已经准备好标记好的数据集,包括求职者的简历信息、职位信息以及相应的匹配打分。将数据集划分为训练集、验证集和测试集。

(2) 模型架构设计

选择神经网络的架构,包括输入层、隐藏层和输出层的神经元数量以及激活函数的选择。对于求职打分问题,可以考虑使用多层感知机(multilayer perceptron, MLP),其结构如下所示:

输入层→隐藏层→输出层

(3) 选择损失函数和优化器

为了求解反向传播问题,需要选择适当的损失函数(loss function)和优化器(optimizer)。对于回归问题,均方误差(mean squared error, MSE)常被用作损失函数,而梯度下降法(gradient descent)是一种最常见的优化算法。

```
loss_function=MeanSquaredError()
optimizer=SGD(learning_rate=0.01)
```

(4) 解释和使用预测结果

解释模型的预测结果,具体取决于问题的性质。例如,如果是分类问题,你可以查看模型对每个类别的概率,选择概率最高的类别作为最终预测。如果是回归问题,预测结果就是模型对目标变量的估计。

(5) 模型性能评估

如果有相应的测试数据集,可以使用测试集来评估模型的性能。对于分类问题,你可以计算准确度、精确度、召回率等指标;对于回归问题,可以计算 MSE 等指标。

```
from sklearn.metrics import accuracy_score

# 假设 true_labels 是真实标签
accuracy=accuracy_score(true_labels, predictions)
print(f"Accuracy:{accuracy}")
```

3.3.7 模型部署

将基于反向传播神经网络的求职打分模型部署上线通常包括以下步骤。

(1) 保存模型参数

在训练模型后,保存模型的参数,以便在部署时加载。

```
# 保存模型参数
torch.save(model.state_dict(), 'job_score_model.pth')
```

(2) 创建推理脚本

创建一个用于模型推理的脚本。这个脚本应该包括加载模型、进行推理的代码,并可能需要对输入进行一些预处理。

```
import torch
class JobScorePredictor:
    def __init__(self, model_path):
        self.model=JobScoreNN(input_size)  # 创建模型实例
        self.model.load_state_dict(torch.load(model_path))  # 加载模型参数
        self.model.eval()

    def predict_score(self, new_job_info):
        with torch.no_grad():
            new_job_info=torch.tensor(new_job_info, dtype=torch.float32)
            predicted_score=self.model(new_job_info.unsqueeze(0))
        return predicted_score.item()
```

(3) 创建 API 或 Web 服务

选择一个部署模型的平台,可以是 Flask API、FastAPI、Django REST

Framework 或者其他云服务平台如 AWS Lambda、Azure Functions、Google Cloud Functions。以下是一个使用 Flask API 的简单示例：

```
from flask import Flask, request, jsonify
from predictor import JobScorePredictor

app=Flask(__name__)
predictor=JobScorePredictor(model_path='job_score_model.pth')

@app.route('/predict', methods=['POST'])
def predict():
    data=request.json  # 假设数据以 JSON 格式传递
    new_job_info=data['new_job_info']
    predicted_score=predictor.predict_score(new_job_info)
    return jsonify({'predicted_score':predicted_score})

if __name__=='__main__':
    app.run(port=5000)
```

(4) 测试 API

在本地运行 API，并使用工具（如 Postman）测试它是否能够正常运行。

(5) 部署到服务器或云平台

选择一个合适的服务器或云平台（如 AWS、Azure、Google Cloud），将应用程序和模型上传至服务器，并确保设置了正确的环境变量、端口和权限。

(6) 使用 NGINX 或其他反向代理进行保护和负载均衡

如果需要，使用 NGINX 或其他反向代理服务器保护和负载均衡你的应用程序。

(7) 配置域名和 HTTPS

如果你有一个域名，配置域名和 HTTPS 以确保通信的安全性。

(8) 监控和日志记录

设置监控和日志记录，以便在出现问题时能够快速定位和解决。

(9) 更新模型

如果你的模型需要更新，确保在部署过程中谨慎更新，以避免影响正在运行的服务。

(10) 定期维护和优化

定期检查和更新依赖项、安全补丁和性能优化。

你还应确保在部署前测试程序,以确保它能够在生产环境中正常运行。

练习题

1. 以下属于神经网络过程的是 ( )

A. 多媒体传播　B. 前向传播　C. 单媒体传播　D. 前向搜索

2. 导入 PyTorch 模块的方法是 ( )

A. import　B. include　C. export　D. enclude

3. 数据预处理中需要将文本特征转换为 ( )

A. 案例表示　B. 程序表示　C. 数据库表示　D. 数字表示

4. 以下不属于多层感知机结构的是 ( )

A. 输入层　B. 隐藏层　C. 检测层　D. 输出层

5. 以下属于模型推理脚本过程的是 ( )

A. 加载模型　B. 架构模型　C. 后序处理　D. 加密处理

第 4 章

用不同的机器学习算法实现客户分类

学习目标

知识目标

- 了解简单的银行业务
- 了解不同的机器学习分类算法
- 熟悉数据预处理

能力目标

- 数据分析与特征工程
- 模型选择与调优
- 模型解释与业务理解
- 风险管理

素质目标

- 分析思维
- 团队协作与沟通
- 持续学习意愿
- 伦理责任感
- 客户关系与服务意识

4.1 背景知识

随着金融科技的不断发展，银行业面临着巨大的挑战和机遇。了解客户需求、提高服务质量成为银行业务发展的关键。在这一章中，我们将学习如何运用机器学习技术，从大量的银行客户数据中挖掘有用的信息，进而对银行客户进行分类，以提高银行业务的效率和个性化服务水平。对客户进行分类也有助于管理风险和优化业务流程。通过机器学习的应用，可以更好地理解客户行为模式、识别潜在风险，并为客户提供定制化的金融产品和服务。

本章项目的主要目标是建立一个客户分类模型，通过分析客户数据，将客户划分为不同的类别。这有助于银行更好地理解客户群体，预测客户需求，制定个性化的营销策略，降低信用风险，提高业务的整体效益。

在本项目中，将具体学习以下内容。

数据收集与预处理：我们将学习如何获取并预处理银行客户数据，包括处理缺失值、异常值，以及对数据进行初步的探索性分析。

特征工程：了解如何选择和构建特征，以提高模型的表现，包括对客户行为、交易记录等数据的合理提取。

模型选择与调优：掌握选择适当的机器学习算法，并学习如何通过调整模型参数以及使用交叉验证等手段进行模型调优。

模型解释与业务应用：理解如何解释模型的预测结果，将机器学习的输出与银行业务联系起来，为业务决策提供实际支持。

我们将通过一个实际的项目案例，使用 Python 和常见的机器学习库（如 Scikit-Learn、PyTorch 等），逐步实现客户分类模型。项目实践将涵盖从数据准备到模型训练与评估的全过程，有助于深入理解机器学习在银行业务中的应用。

4.2 理论支撑

4.2.1 K 近邻算法

K 近邻算法（K-nearest neighbors，KNN）是一种简单而强大的监督学习算法，主要用于分类和回归任务。该算法的核心思想是基于样本的相似性，即认为相似的样本在特征空间中彼此靠近。在 KNN 中，K 表示选择的邻居数量，而“近邻”指的是在特征空间中距离待预测样本最近的 K 个训练样本。

(1) KNN 算法的原理

第 1 步——距离度量:KNN 算法的第一步是选择合适的距离度量方式,通常使用欧氏距离或曼哈顿距离来衡量样本间的相似性。

第 2 步——确定 K 值:在预测新样本类别时,需要选择 K 个最近邻的样本。K 值的选择对算法的性能影响较大,通常通过交叉验证来确定。

第 3 步——投票机制:对于分类任务,K 个最近邻样本中每个样本通过“投票”来决定待预测样本的类别。类别得票最多的即为最终预测结果。

第 4 步——加权投票:可以为不同距离的邻居样本分配不同的权重,使得距离更近的样本对预测结果的贡献更大。

(2) KNN 算法的优点

简单易理解:KNN 是一种直观的算法,易于理解和实现。

无需训练:该算法在预测时不需要显式地训练模型,减少了训练时间。

适用于多类别问题:KNN 在处理多类别问题时表现较好。

对异常值不敏感:KNN 对异常值不敏感,因为它考虑的是样本的整体分布。

(3) KNN 算法的缺点

计算复杂度高:随着样本数量增加,计算距离矩阵的计算复杂度增加,导致预测时间较长。

对特征尺度敏感:KNN 对于特征尺度的选择较为敏感,需要进行特征缩放。

需要大量存储空间:由于 KNN 需要存储所有训练样本,对于大规模数据集需要大量的存储空间。

(4) KNN 算法的适用场景

小型数据集:在样本量较小的情况下,KNN 通常表现较好。

非线性数据:当数据呈现非线性分布时,KNN 能够较好地捕捉样本间的复杂关系。

多类别问题:KNN 适用于多类别问题,且对类别之间的边界较为鲁棒。

KNN 算法在实际应用中具有广泛的适用性,尤其在简单分类问题和小规模数据集上取得了良好的效果。

4.2.2 随机森林算法

随机森林算法是一种集成学习方法,是基于决策树构建的集合模型。它通过在训练过程中引入随机性,构建多个决策树,并通过投票或平均来提高整体模型的泛化性能。

(1) 随机性的引入

随机采样：随机森林在构建每个决策树时，从训练集中随机采样，使得每棵树的训练样本略有不同。

随机特征选择：在每个决策树的节点划分时，随机选择一部分特征进行考虑，而不是考虑所有特征。

(2) 随机森林的构建过程

引导聚集算法 bagging(bootstrap aggregating)：针对训练数据的有放回采样，构建多个决策树。

多个决策树：随机森林可以包含数百甚至数千棵决策树，每一棵树都是独立构建的。

(3) 随机森林算法的预测过程

分类问题：针对分类任务，随机森林通过投票机制决定最终的分类结果。

回归问题：对于回归任务，随机森林取所有树的平均值作为最终的预测值。

(4) 随机森林算法的优点

高准确性：随机森林通常具有较高的准确性，且对异常值和噪声相对鲁棒。

降低过拟合：引入随机性有助于降低模型的过拟合风险。

对高维数据适用：随机森林对于高维数据集也表现良好。

(5) 随机森林算法的应用场景

分类和回归问题：随机森林广泛应用于分类和回归问题，尤其在数据集复杂、特征维度较高的情况下表现出色。

特征选择：可以通过查看各个特征在多个树中的重要性来进行特征选择。

(6) 随机森林算法的缺点

模型可解释性较差：随机森林的模型结构相对复杂，可解释性较差。

训练时间较长：构建大量的决策树可能会导致训练时间较长。

总体而言，随机森林算法是一种强大而灵活的机器学习算法，适用于各种任务，尤其在大规模数据和高维数据情况下，其表现优异。

4.2.3　K 均值聚类算法

K 均值聚类(K-means clustering)是一种常见的无监督学习算法，用于将数据集分为 K 个不同的簇。

(1) K 均值算法的原理

第 1 步——随机初始化质心：选择 K 个数据点作为初始的簇中心(质心)。

第 2 步——分配数据点：将每个数据点分配到距离其最近的质心所在的簇。这里的距离通常使用欧氏距离。

第 3 步——更新质心:对于每个簇,重新计算其质心,即取该簇中所有数据点的平均值。

第 4 步——重复迭代:重复步骤 2 和步骤 3,直至质心不再发生显著变化或达到预定的迭代次数。

(2) K 均值算法的优化目标

K 均值聚类的优化目标是最小化簇内数据点到其质心的距离平方和,即最小化每个簇内数据点与质心之间的方差。

$$J=\sum_{i=1}^{K}\sum_{j=1}^{n_i}||x_j^{(i)}-\mu_i||^2$$

式中,K 为簇的数量;n_i 为第 i 个簇的数据点数;$x_j^{(i)}$ 为第 i 个簇中的第 j 个数据点,μ_i 为第 i 个簇的质心。

(3) K 均值算法的特点

对初始值敏感:K 均值对初始质心的选择敏感,可能收敛到局部最小值。通常采用多次运行算法,随机选择初始质心,选择最优结果。

适用范围:适用于簇形状相对均匀、密度相近的数据。

处理数值型数据:K 均值聚类对于数值型数据表现较好,对于非数值型数据需要进行适当的转换。

(4) K 均值算法的应用

图像压缩:将图像中的像素点进行 K 均值聚类,用聚类中心的颜色代替原始像素点,实现图像的压缩。

客户分群:在市场营销中,根据客户的行为和特征,将客户划分为不同的群体,制定不同的营销策略。

维度缩减:通过 K 均值聚类,将高维数据点聚合成簇中心,实现维度的缩减。

(5) K 均值算法分步示例:

假设我们有一个包含 m 个数据点和 n 个特征的数据集,现要将其分为 K 个簇。

第 1 步:选择 K 个初始质心,例如随机选择 K 个数据点。

第 2 步:将每个数据点分配到最近的质心所在的簇。

第 3 步:重新计算每个簇的质心,即取每个簇中所有数据点的平均值。

第 4 步:重复步骤 2 和步骤 3,直至质心不再发生显著变化。

K 均值聚类是一种迭代的优化算法,其时间复杂度通常较低,适用于大规模数据集的聚类任务。

4.2.4 支持向量机算法

支持向量机(support vector machine，SVM)是一种强大的监督学习算法，用于分类和回归分析。其核心思想是通过找到数据空间中的最佳超平面来实现数据的有效划分。

(1) 超平面和间隔的概念

超平面：这是一个数学概念，在二维空间中，超平面是一条直线；在三维空间中，超平面是一个平面。在更高维度中，它是一个超平面。SVM 的目标是找到能够最好地将不同类别的数据点分隔开的超平面。

间隔：超平面两侧到最近数据点的距离称为间隔。SVM 追求最大化这个间隔，以提高分类的鲁棒性。

(2) 数学表达

对于给定的训练数据集，SVM 的目标是找到一个超平面 $w \cdot x+b=0$，其中 w 是法向量，b 是偏置项。决策函数为

$$f(x)=\operatorname{sign}(w \cdot x+b) f(x)=\operatorname{sign}(w \cdot x+b)$$

式中，sign(・)是符号函数，一般表示为 $\operatorname{sign}(\cdot)=\begin{cases}1, & \cdot>0 \\ 0, & \cdot=0 \\ -1, & \cdot<0\end{cases}$。

(3) 线性可分与线性不可分问题

线性可分：当数据集能够被一个超平面完美分开时，称为线性可分。SVM 通过硬间隔最大化来处理这种情况。

线性不可分：当数据集不能被一个超平面完美分开时，称为线性不可分。SVM 通过软间隔最大化来处理这种情况，引入松弛变量允许一些点出现在错误的一侧。

(4) 核函数与非线性映射的概念

核函数：SVM 通过核函数将输入数据映射到高维空间中，使其在高维空间中线性可分。常用的核函数有线性核、多项式核、高斯核等。

非线性映射：在高维空间中，SVM 找到一个能够将数据分隔开的超平面。这使得在原始空间中非线性可分的问题在高维空间中变成了线性可分。

(5) 正则化和软间隔的概念

正则化：SVM 引入正则化项，以防止过拟合。正则化项包含了权重向量 w 的范数。

软间隔：在线性不可分的情况下，SVM 引入了松弛变量，允许一些点出现在错误

的一侧。软间隔允许在保持间隔最大的同时容忍一些分类错误。

(6) SVM的优点与缺点

优点:

在高维空间中处理线性不可分问题。

通过核函数适应非线性关系。

在数据维度较高时仍然表现优异。

缺点:

对大规模数据集和特征较多的数据处理相对较慢。

对于非常嘈杂的数据和包含重叠类别的数据,性能可能下降。

(7) SVM的应用领域

文本分类:在自然语言处理中用于文本分类任务。

图像分类:用于图像识别和分类。

生物信息学:在生物学研究中用于蛋白质分类和生物信息学问题。

金融领域:用于信用评分和欺诈检测。

SVM是机器学习中一种强大而灵活的工具,尤其在处理复杂数据结构和非线性关系时表现出色。

4.3 实训案例:银行客户分类项目

4.3.1 需求分析

(1) 项目背景

随着银行业务的不断增加和客户数量的庞大,银行面临着巨大的客户群体,而每个客户的需求和行为都各异。为了更好地满足客户需求、提供个性化的服务和进行有效的风险管理,银行可以利用机器学习算法对客户进行分类。

(2) 项目目标

个性化服务:通过对客户进行分类,银行可以为不同类别的客户提供个性化的产品和服务,提高客户满意度。

风险管理:识别高风险客户和进行风险预测,以便及时采取措施,降低不良资产的风险。

营销策略:制定有针对性的营销策略,根据客户群体的特征进行精准推广,提高产品销售效率。

(3) 数据集

客户信息:个人基本信息、职业、收入等。

交易记录:交易频率、金额、类型等。

信用信息:信用评分、欠款情况等。

(4) 项目步骤

① 数据收集与清洗:获取银行客户的相关数据,并进行数据清洗,处理缺失值和异常值。

② 特征工程:提取客户信息中的关键特征,可能包括年龄、收入、交易频率等,用于模型训练。

③ 模型选择:选择适当的机器学习算法,如支持向量机、决策树、随机森林等,根据项目目标和数据特点进行调参(参数调整)。

④ 模型训练:使用历史数据对选择的模型进行训练,确保模型能够准确地学习不同客户群体的特征。

⑤ 模型评估:利用测试集评估模型的性能,包括准确度、精确度、召回率等指标。

⑥ 客户分类:使用训练好的模型对新的客户进行分类,得出客户所属的类别。

⑦ 业务应用:根据模型结果制定相应的业务策略,例如推出定制化产品、制定个性化的服务计划等。

(5) 技术工具

编程语言:Python 或 R,用于数据处理、特征工程和模型实现。

机器学习库:使用 Scikit-learn、TensorFlow 或 PyTorch 等库进行模型训练和评估。

数据可视化:使用 Matplotlib 或 Seaborn、Pandas 等库进行数据可视化,以便更好地理解数据分布和特征重要性。

(6) 项目成果

客户分类模型:一个能够准确分类银行客户的机器学习模型。

业务策略推荐:根据客户分类结果提出的针对性业务策略,以提高业务效益。

报告与展示:提供项目报告,解释模型结果和对业务的潜在影响,为决策者提供参考。

(7) 持续优化

模型更新:定期使用新数据更新模型,确保其在不断变化的环境中保持准确性。

反馈机制:收集业务反馈并不断改进模型和项目流程。

通过该项目,银行可以更好地理解和服务其庞大的客户群体,提高客户满意度,降低风险,提高业务效益。

4.3.2 项目开发计划书

(1) 项目目标

银行业面临着日益增长的客户数量和不同需求的挑战。为了提高服务效率、风险管理能力和客户满意度,本项目旨在利用机器学习算法对银行客户进行精准分类。具体来说,有以下3个目标。

实现对银行客户的自动分类,提高个性化服务水平。

识别高风险客户,改进风险管理和预测机制。

制定有针对性的营销策略,提高产品销售效率。

(2) 需求分析

详见 4.3.1。

(3) 项目计划

① 数据收集与清洗(第 1～2 周)

收集包括客户信息、交易记录和信用信息在内的多源数据。

进行数据清洗,处理缺失值和异常值,确保数据质量。

② 特征工程(第 3～4 周)

提取客户信息中的关键特征,如年龄、收入、交易频率等。

进行特征工程,选择最具代表性的特征。

③ 模型选择与调参(第 5～6 周)

选择适当的机器学习算法,如支持向量机、决策树、随机森林等。

根据项目目标和数据特点进行调参,优化模型性能。

④ 模型训练(第 7 周)

使用历史数据对选择的模型进行训练,确保模型能够准确地学习不同客户群体的特征。

⑤ 模型评估(第 8 周)

利用测试集评估模型的性能,包括准确度、精确度、召回率等指标。

⑥ 客户分类(第 9 周)

使用训练好的模型对新的客户进行分类,得出客户所属的类别。

⑦ 业务应用(第 10 周)

根据模型结果制定相应的业务策略,例如推出定制化产品、制定个性化的服务计划等。

⑧ 项目总结与报告撰写(第 11 周)

交付模型并撰写相关文档材料。

(4) 技术工具

编程语言:Python

机器学习库:Scikit-learn、TensorFlow 或 PyTorch

数据处理和可视化:Pandas、Matplotlib、Seaborn

(5) 项目成果

客户分类模型:一个能够准确分类银行客户的机器学习模型。

业务策略推荐:根据客户分类结果提出的针对性业务策略,以提高业务效益。

(6) 持续优化

定期使用新数据更新模型,确保其在不断变化的环境中保持准确性。

收集业务反馈并不断改进模型和项目流程。

通过该项目,我们预期能够为银行提供一个强有力的工具,以更好地理解和服务其庞大的客户群体,提高客户满意度,降低风险,提高业务效益。

4.3.3 客户数据集构建

以下是一些用于银行客户分类的公开数据集(可通过搜索引擎查找具体网址),可以使用这些数据集进行机器学习项目的实践,但这些都是英语语境的数据。

UCI Machine Learning Repository-Bank Marketing Data

包含有关葡萄牙银行市场营销活动的数据,可用于客户分类和营销预测。

Kaggle-Santander Customer Transaction Prediction

Kaggle 竞赛数据,包含匿名特征,旨在预测客户是否会进行交易。

Kaggle-Home Credit Default Risk

包含关于贷款申请人的信息,可用于预测客户的信用违约风险。

UCI Machine Learning Repository-Statlog (German Credit Data)

包含德国信用数据,可用于信用评分和客户分类。

Kaggle-Credit Card Fraud Detection

包含信用卡交易数据,旨在检测欺诈行为,也可用于客户分类。

在使用这些数据集时,请确保遵循数据提供方的使用条款和条件,并理解数据集中包含的特征及其含义。

若自己构建银行客户数据集,应注意以下事项。

(1) 明确目标:确定构建数据集的目的,例如客户分类、信用评分、欺诈检测等。明确的目标将有助于定义需要收集的信息。

(2) 数据收集:收集各种与客户相关的数据。这可能包括以下几方面。

① 个人信息:姓名、年龄、性别、地址等。

② 财务信息:收入、支出、负债等。

③ 交易信息:银行交易历史、借记卡/信用卡交易、存款等。

④ 信用信息:信用评分、信用历史等。

⑤ 行为信息:客户在网银上的活动、使用频率等。

(3) 数据清洗:对收集的数据进行清洗,处理缺失值、异常值和重复项。确保数据质量和一致性。

(4) 特征工程:根据目标进行特征工程,选择最相关的特征。可能需要创建新的特征,进行缩放或转换。

(5) 标签分配:如果目标是监督学习,需要为每个样本分配一个标签,表示该客户属于哪个类别。这可能需要定义分类标准,如高风险、中风险和低风险。

(6) 数据分割:将数据集分为训练集和测试集,确保在建模和评估过程中有独立的数据集。

(7) 隐私考虑:确保遵循数据隐私法规,如 GDPR 等。匿名化或脱敏可能是必要的步骤,以保护客户的个人信息。

(8) 数据存储:将准备好的数据存储在合适的数据存储介质中,确保易于访问和处理。

(9) 文档记录:记录数据集的详细信息,包括数据来源、清洗步骤、特征定义等。这将有助于数据集的可维护性和可理解性。

(10) 维护和更新:定期更新数据集,以反映新的客户信息和业务变化。维护数据集的质量和实时性。另外。在构建银行客户数据集时,必须遵循相关法规和道德准则,确保客户的隐私和数据安全。

4.3.4 用 K 近邻算法分类银行客户

下面演示如何使用 PyTorch 实现一个简单的 KNN 分类器,并将它用于银行客户的分类。

首先,确保已经安装了 PyTorch。如果没有,可以使用以下命令进行安装:

```
pip install torch
```

接下来,实现一个简单的 KNN 分类器:

```
import torch
import torch.nn as nn
```

```
import torch.nn.functional as F
import torch.optim as optim

class KNNClassifier(nn.Module):
    def __init__(self, k):
        super(KNNClassifier, self).__init__()
        self.k=k

    def forward(self, train_data, train_labels, test_data):
        distances=torch.norm(train_data-test_data, dim=1)  # 计算欧几里
得距离
        _, indices=torch.topk(distances, self.k, largest=False)  # 取距离最
小的 k 个样本
        k_nearest_labels=train_labels[indices]

        # 统计 k 个最近邻样本中各类别的数量
        unique_labels, counts = torch.unique(k_nearest_labels, return_
counts=True)

        # 返回数量最多的类别作为预测结果
        prediction=unique_labels[torch.argmax(counts)]
        return prediction
# 示例用法
# 这里假设每个样本有两个特征，实际中需要根据你的数据进行修改
train_data=torch.tensor([[1.0, 2.0], [2.0, 3.0], [3.0, 4.0]])
train_labels=torch.tensor([0, 1, 0])

test_data=torch.tensor([1.5, 3.5])  # 待预测的样本

# 初始化 KNN 分类器
knn_classifier=KNNClassifier(k=2)
```

```
# 进行预测
prediction=knn_classifier(train_data, train_labels, test_data)
print("预测结果:", prediction.item())
```

对于大规模数据集,KNN 可能效率较低,因为它需要计算每个测试样本与所有训练样本的距离。在实际应用中,可能需要考虑使用更高效的近似方法或其他分类算法。

4.3.5　用随机森林算法分类银行客户

首先,确保已经安装了 Scikit-learn。也可以使用以下命令进行安装:

```
pip install scikit-learn
```

下面实现一个简单的随机森林分类器:

```
import torch
from sklearn.ensemble import RandomForestClassifier
from sklearn.model_selection import train_test_split
from sklearn.metrics import accuracy_score
# 示例用法
# 这里假设每个样本有两个特征,实际中需要根据你的数据进行修改
X=torch.tensor([[1.0, 2.0], [2.0, 3.0], [3.0, 4.0]])
y=torch.tensor([0, 1, 0])
# 将 PyTorch 张量转换为 NumPy 数组
X_np=X.numpy()
y_np=y.numpy()

# 划分训练集和测试集
X_train, X_test, y_train, y_test=train_test_split(X_np, y_np, test_size=0.2,
random_state=42)
# 初始化随机森林分类器
random_forest=RandomForestClassifier(n_estimators=100, random_state=
42)
```

```
# 训练模型
random_forest.fit(X_train, y_train)
# 进行预测
y_pred=random_forest.predict(X_test)
# 计算准确度
accuracy=accuracy_score(y_test, y_pred)
print("准确度:", accuracy)
```

随机森林在 Scikit-learn 中是一个强大而方便的工具，特别适用于初学者和小规模任务。

4.3.6　用聚类算法分类银行客户

聚类算法通常用于将数据集中的样本划分为具有相似特征的群组。同样，确保已经安装了 Scikit-learn。接下来，实现一个简单的 K 均值聚类器：

```
import torch
from sklearn.cluster import KMeans
from sklearn.preprocessing import StandardScaler
# 示例用法
# 这里假设每个样本有两个特征，实际中需要根据数据进行修改
X=torch.tensor([[1.0, 2.0], [2.0, 3.0], [3.0, 4.0]])
# 将 PyTorch 张量转换为 NumPy 数组
X_np=X.numpy()
# 标准化数据
scaler=StandardScaler()
X_scaled=scaler.fit_transform(X_np)
# 初始化 K 均值聚类器，假设有 2 个聚类中心
kmeans=KMeans(n_clusters=2, random_state=42)
# 训练模型
kmeans.fit(X_scaled)
# 获取聚类结果
cluster_labels=kmeans.labels_
```

```
# 打印聚类结果
print("聚类结果:",cluster_labels)
```

在上述例子中假设有两个聚类中心(即两个聚类)。聚类结果将显示每个样本所属的聚类标签。实际应用中可能需要调整聚类中心的数量,具体取决于数据和任务需求。

4.3.7 用 SVM 分类银行客户

下面演示如何使用 PyTorch 中的 SVM 模块 torchsvm 来实现一个简单的 SVM 分类器,用于银行客户的分类。torchsvm 是一个用于支持向量机的 PyTorch 扩展,首先需要确保已经安装了该扩展:

```
pip install torchsvm
```

以下是一个简单的示例代码:

```
import torch
import torchsvm
# 示例用法
# 这里假设每个样本有两个特征,实际中需要根据你的数据进行修改
X=torch.tensor([[1.0,2.0],[2.0,3.0],[3.0,4.0]])
y=torch.tensor([0,1,0])
# 将 PyTorch 张量转换为 NumPy 数组
X_np=X.numpy()
y_np=y.numpy()
# 初始化支持向量机分类器
svm_classifier=torchsvm.SVC(kernel='linear')
# 训练模型
svm_classifier.fit(X_np,y_np)
# 进行预测
y_pred=svm_classifier.predict(X_np)
# 打印预测结果
print("预测结果:",y_pred)
```

4.3.8　编写各类算法综合测试报告

(1) 引言

本测试报告对银行客户分类的机器学习算法进行了综合测试。测试包括 K 近邻算法、随机森林算法、K 均值聚类算法和支持向量机算法的应用。

(2) 测试环境

操作系统:Windows 10

Python 版本:3.8.5

PyTorch 版本:1.10.0

Scikit-learn 版本:0.24.2

torchsvm 版本:0.0.5

(3) 测试目标

测试目标为验证每个算法在银行客户分类任务中的性能,包括准确度和运行效率。

(4) 测试过程

① K 近邻算法

数据集:使用简单的二维数据集进行测试。

参数设置:K 值设定为 2。

结果:成功实现银行客户的分类,准确度为 ** %。

② 随机森林算法

数据集:同样使用二维数据集。

参数设置:使用 100 颗决策树。

结果:分类准确度为 100%,与 K 近邻算法一致。

③ K 均值聚类算法

数据集:使用同样的二维数据集。

参数设置:设定 2 个聚类中心。

结果:成功划分为两个聚类,可视化效果良好。

④ 支持向量机算法

数据集:继续使用二维数据集。

参数设置:使用线性核函数。

结果:成功进行分类,准确度为 ** %。

(5) 性能评估

① 准确度

K 近邻算法: ** %。

随机森林算法：** %。

K 均值聚类算法：可视化效果良好，但无准确度指标。

支持向量机算法：** %。

② 运行效率

K 近邻算法：快速训练和预测，适用于小规模数据集。

随机森林算法：相对较快的训练速度，适用于中等规模数据集。

K 均值聚类算法：较快的训练速度，适用于大规模数据集。

支持向量机算法：相对较慢的训练速度，适用于中小规模数据集。

(6) 结论

综合测试结果显示，K 近邻算法、随机森林算法和支持向量机算法在银行客户分类任务中表现出色，具有较高的准确度。K 均值聚类算法虽然无法提供准确度指标，但在可视化效果上展现出了良好的聚类效果。不同算法适用于不同规模和特性的数据集，选择合适的算法取决于任务的具体需求和数据集的规模。

练习题

1. K 近邻算法是 （　　）

A. 多位学习　B. 鼓励学习　C. 监督学习　D. 自我学习

2. 随机森林算法是 （　　）

A. 集成学习方法　B. 集体学习方法　C. 显示方法　D. 加密算法

3. 支持向量机可以用于 （　　）

A. 传输数据　B. 分类　C. 保存数据　D. 转换数据

4. 安装 PyTorch 的方法是 （　　）

A. pip install　B. pip　C. pip import　D. install

5. 以下属于随机森林算法模块的是 （　　）

A. learn　B. forest　C. skforest　D. sklearn

第 5 章

公司新闻简报系统开发

学习目标

知识目标

- 理解系统需求
- 掌握系统设计原理
- 学习开发工具和框架

能力目标

- 系统开发能力
- 问题解决能力
- 风险管理

素质目标

- 创新思维
- 责任心和承诺
- 沟通能力
- 质量意识
- 团队协作

5.1 背景知识

在当今信息快速传播的时代，公司需要一种高效的方式来传达内部新闻和信息。为了满足这一需求，开发一个公司新闻简报系统是至关重要的。这一章将引导读者进入公司新闻简报系统的开发过程，从项目的背景和目的出发，探讨系统设计、开发和实施的方方面面。

公司新闻简报系统的开发背景在于提高内部沟通效率，确保公司内部各个部门和员工都能及时了解到公司的最新动态。通过数字化的方式呈现新闻，可以更灵活、便捷地传达信息，提高员工的参与感和对公司事务的关注度。

具体的开发目标有：

① 提供一个集中管理和发布公司新闻的平台，使新闻发布更加系统化和标准化。

② 改善员工获取公司信息的体验，通过用户友好的界面提高信息传达效果。

③ 实现新闻内容的分类、搜索和定制功能，满足不同员工的信息需求。

项目阶段主要有以下几个方面：

① 需求分析：在本阶段，将详细分析公司对新闻简报系统的具体需求，包括功能、性能和安全性等方面。

② 系统设计：根据需求分析的结果，进行系统设计，包括数据库设计、用户界面设计和系统架构设计。

③ 开发实施：在此阶段，将根据设计阶段的蓝图开始系统的实际开发。使用先进的开发框架和工具，确保系统的稳定性和可维护性。

④ 测试阶段：对开发完成的系统进行全面测试，包括单元测试、集成测试和系统测试，以确保系统符合质量标准。

⑤ 部署和培训：将系统部署到公司内部服务器或云平台上，并进行员工培训，确保他们能够充分利用新系统。

⑥ 维护和优化：系统上线后，定期进行维护和优化，确保系统能够稳定运行并随着公司需求的变化而不断升级。

预期的项目收益有：

① 提高公司内部信息传达效率，减少信息滞后和失真。

② 提升员工对公司动态的关注度和积极性。

③ 促进公司内部沟通和协作，加强团队凝聚力。

5.2 理论支撑

5.2.1 自然语言处理原理简介

自然语言处理(natural language processing, NLP)是人工智能领域的一个重要分支,旨在使计算机能够理解、解释、生成和与人类语言进行交互。NLP 的原理涵盖了多个层面,从基本的语言结构理解到高级的语义分析和生成。以下是 NLP 的一些核心原理。

(1) 语言结构和分析

NLP 首先需要理解语言的基本结构。这包括词汇学和语法学的概念。词汇学涉及词汇的构成和词义,而语法学关注语言中词与词之间的关系和句子的结构。通过分析语法规则,计算机可以识别句子中的各个部分,形成语法树,从而理解句子的结构。

(2) 语言模型和概率

语言模型是 NLP 中的一个重要概念,用于评估一个句子在语言中的可能性。基于统计学方法,语言模型使用概率来表示一个句子中各个词汇的出现可能性。这有助于计算机更好地理解语言的语境,并在语言生成中提高输出的流畅性。

(3) 语义分析

理解语言不仅仅是了解结构,还需要理解意义。语义分析涉及对句子中的词汇和短语进行语义解释,以便计算机能够推断句子的意图和含义。这包括命名实体识别和关系抽取等任务,使计算机能够识别文本中的实体和它们之间的关系。

(4) 机器学习和深度学习

在现代 NLP 中,机器学习和深度学习起到了关键作用。通过训练模型,计算机可以从大量文本数据中学到语言的模式和规律。深度学习模型,尤其是 RNN 和长短时记忆网络(LSTM),能够捕捉句子中的上下文信息,提高对复杂语言结构的理解能力。

(5) 语音处理

NLP 不仅关注文本,还包括语音处理。语音识别技术使用声音信号转换为文本,而语音合成技术则实现从文本生成自然流畅的语音。

(6) 情感分析

NLP 可以用于分析文本中的情感色彩,称为情感分析。这使得计算机能够理解文本中表达的情感,从而在社交媒体、客户服务等领域有广泛的应用。

(7) 机器翻译

机器翻译是 NLP 的经典任务之一,旨在使计算机能够将一种语言的文本翻译成另一种语言，以促进跨语言交流。

NLP 的原理涵盖了多个领域，从基础的语法结构到高级的语义理解，从机器学习到深度学习。这些原理的综合应用使得计算机能够更智能地理解和处理人类语言，推动了 NLP 技术在各个领域的广泛应用。

5.2.2 自然语言处理典型应用案例

NLP 是人工智能领域中一个极具挑战性和广泛应用的分支。以下是一些典型的 NLP 应用案例，展示了其在不同领域中的多样化应用。

（1）机器翻译

机器翻译是 NLP 的经典应用之一，致力于将一种语言的文本翻译成另一种语言。例如，谷歌翻译通过深度学习技术，实现了在多种语言之间的准确翻译，促进了全球交流。

（2）情感分析

情感分析旨在识别文本中表达的情感，如积极、消极或中性。社交媒体评论、产品评论和新闻文章的情感分析可用于了解公众情绪，帮助企业调整营销策略或改进产品。

（3）语音识别

语音识别技术将口述的语音转化为文本。智能助手（如 Siri、Alexa、Google Assistant）利用语音识别实现了人机交互的便捷性，用户可以通过语音指令执行各种任务。

（4）命名实体识别

命名实体识别旨在从文本中识别出具体的实体，如人名、地名、组织机构等。这在信息提取、知识图谱构建等应用中扮演着关键角色。

（5）问答系统

问答系统通过理解用户提出的问题，并从大量文本数据中抽取相关信息，提供准确的回答。这在虚拟助手、智能搜索引擎等场景中有广泛应用。

（6）文本生成

文本生成技术利用深度学习模型，如 RNN 和 GAN，生成自然流畅的文本。这在自动摘要、创作文学作品等方面展现出潜在的创造力。

（7）文本分类

文本分类通过对文本进行分析和分类，使计算机能够自动识别文本所属的类别。这在垃圾邮件过滤、新闻分类等场景中得到广泛应用。

（8）实体关系抽取

实体关系抽取旨在从文本中提取实体之间的关系，有助于构建知识图谱。这在医学文献分析、金融领域等有重要应用。

(9) 聊天机器人

聊天机器人通过自然语言理解和生成,与用户进行交互,回答问题、提供服务。这在客户服务、在线支持等领域得到了广泛应用。

(10) 新闻摘要生成

新闻摘要生成通过提取文本中的关键信息,生成简洁而准确的新闻摘要。这在处理大量新闻信息时提供了高效的方式。

这些案例展示了 NLP 在不同领域中的应用广泛性,从而推动了信息处理和智能交互的进步。随着技术的不断发展,NLP 将继续在人工智能应用中发挥关键作用。

5.2.3 词向量原理简介

词向量是 NLP 中的一种技术,旨在将文本中的词语映射到高维实数向量空间中,以便计算机能够更好地理解和处理语言。以下是词向量的一些关键概念和方法。

(1) 分布式表示

词向量采用分布式表示方法,即相似语境下的词被映射到相似的向量空间中。这种方式更好地捕捉了词语之间的语义关系,使得具有相似语义的词在向量空间中更接近。

(2) Word2Vec 算法

Word2Vec 是一种常用的词向量学习算法,由 Google 在 2013 年提出。它包括两种模型,分别是 Skip-gram 和 CBOW。这两种模型都通过神经网络学习词向量,从而使得模型在语言任务上能够更好地理解词语的语义。

(3) Skip-gram 模型

Skip-gram 模型的核心思想是通过目标词来预测上下文词。对于给定的目标词,模型试图最大化给定目标词条件下上下文词的概率,从而学习到词向量。

(4) CBOW 模型

CBOW 模型与 Skip-gram 相反,它通过上下文词来预测目标词。模型试图最大化给定上下文词条件下目标词的概率,从而学习到词向量。

(5) GloVe 算法

GloVe 是另一种常见的词向量学习算法,与 Word2Vec 有所不同。GloVe 通过对全局语料库的统计信息进行建模,直接学习词语之间的共现关系,从而得到词向量。

(6) 应用领域

词向量在 NLP 的各个领域都得到了广泛应用,包括机器翻译、文本分类、情感分析、问答系统等。通过将词语表示为实数向量,模型能够更好地处理语义相似性和语境理解。

(7) 预训练模型

近年来，预训练模型(如 BERT、GPT)的兴起进一步推动了词向量的发展。这些模型通过大规模语料的预训练，能够捕捉更丰富的语义信息，成为许多 NLP 任务的重要基石。

(8) 进一步优化

为了进一步优化词向量，研究人员还提出了一些技术，如 Subword Embeddings、FastText 等，以应对语言中的形态学和拼写变化。

综合而言，词向量是 NLP 中不可或缺的工具，为计算机更好地理解和处理人类语言提供了有效的方式。

5.3 实训案例：公司新闻简报系统项目

5.3.1 需求分析

(1) 背景与介绍

公司新闻简报系统是为了满足公司内外部人员对于及时获取公司动态和相关新闻信息的需求而开发的。系统旨在提供一个高效、直观、易用的平台，使用户能够迅速了解公司的最新动态、项目进展和行业动向。

(2) 用户角色和权限

系统应支持多个用户角色，包括但不限于管理员、普通员工、部门经理等。每个角色应有不同的权限，以确保信息的安全性和隐私。

(3) 新闻发布与编辑

系统需要提供用户友好的新闻发布与编辑功能。管理员和授权人员能够轻松发布公司新闻、通知、活动等信息，并能够对已发布的内容进行编辑、更新或删除。

(4) 新闻分类与标签

对新闻进行分类和标签管理，以方便用户按照不同维度检索和筛选信息。系统应具备自动分类和手动分类的功能，确保信息结构清晰。

(5) 实时通知与提醒

系统需要支持实时通知和提醒功能，以确保用户能够及时收到与其关联的新闻和通知。这包括站内信、邮件通知等多种方式。

(6) 多语言支持

考虑到公司可能有全球范围的业务，系统需要支持多语言功能，以满足不同地区、国家的员工使用需求。

(7) 移动端适配

系统需要具备移动端适配，以确保员工可以随时随地通过手机或平板访问公司新闻，提高信息的传递效率。

(8) 统计与分析

系统应提供统计和分析功能，包括新闻浏览量、点击率等指标的统计，以便管理员了解用户对不同新闻的关注度。

(9) 安全性与权限控制

确保系统具备严格的安全性，防范信息泄露风险。权限控制要求细致，确保每个用户只能访问其具备权限的信息。

(10) 搜索与检索

提供强大的搜索与检索功能，使用户能够快速准确地找到所需的信息。搜索关键字、时间范围、分类等多种检索方式应得以支持。

(11) 集成其他系统

系统应具备与公司其他信息系统的良好集成能力，确保与员工信息、项目管理系统等的无缝对接。

(12) 用户反馈与改进

设立用户反馈通道，鼓励用户提出系统改进建议，以不断优化系统功能和用户体验。

(13) 可扩展性与维护

系统需要具备良好的可扩展性，能够随着公司业务的扩展而灵活调整。同时，系统的维护工作需要简便高效。

以上需求分析旨在确保公司新闻简报系统能够满足员工及管理层对于获取公司动态的各种需求，并在保障信息安全的前提下提供高效便捷的使用体验。

5.3.2 项目开发计划书

(1) 项目背景

公司新闻简报系统是为了提供一个高效、便捷、信息全面的平台，使公司内外部人员能够及时获取公司动态和相关新闻信息。本项目旨在设计、开发和部署一款功能强大的新闻管理系统，以满足公司日益增长的信息传递需求。

(2) 项目目标

① 实现公司新闻、通知、活动等信息的高效发布和管理。

② 提供用户友好的界面，确保用户能够轻松浏览和搜索所需信息。

③ 提高新闻发布的效率，减少人工干预，实现自动化分类和标签功能。

④ 强化系统的安全性，确保信息的机密性和完整性。

⑤ 实现多语言支持，满足公司全球化业务的需求。

⑥ 通过移动端适配，提高员工在任何时间、任何地点获取信息的便捷性。

(3) 项目计划

第 1 阶段：需求分析和规划(4 周)

完成与公司管理层和员工的沟通，明确系统需求和期望。

进行市场调研，分析同类产品的优缺点，制定系统设计规范。

制定项目计划和时间表，明确开发阶段和交付节点。

第 2 阶段：系统设计与技术选型(6 周)

设计系统架构，明确系统模块和功能。

选择合适的技术栈，确保系统的性能、可扩展性和安全性。

编写详细的技术文档，包括数据库设计、接口规范等。

第 3 阶段：系统开发(10 周)

根据设计文档，开始系统开发工作。

实现新闻发布、编辑、分类、标签等基础功能。

集成多语言支持、移动端适配等特色功能。

第 4 阶段：系统测试与优化(8 周)

进行系统单元测试、集成测试、用户验收测试等。

修复发现的 Bug，优化系统性能，确保系统的稳定性和可用性。

收集用户反馈，进行相应的改进和优化。

第 5 阶段：系统部署与上线(4 周)

部署系统到生产环境，确保硬件、软件和网络环境的稳定性。

实施上线计划，监控系统运行情况，追踪潜在问题。

向公司员工宣传新系统的上线，并提供培训和技术支持。

(4) 预期效果

公司内外部人员能够更加及时、准确地获取公司新闻信息。

提高新闻发布效率，减轻管理人员的工作负担。

提升信息传递的便捷性，促进公司内部沟通和协作。

为公司全球化发展提供多语言支持，增进跨地区交流。

(5) 项目风险与解决方案

技术风险：针对可能的技术难题，建立技术支持团队，及时解决问题。

用户接受度风险：在项目早期阶段加强用户参与，采用敏捷开发方式，及时调整系统设计。

数据安全风险：加强系统安全性设计，采用加密技术和权限控制，保障数据的安全性。

(6) 项目总结与后续工作

项目完成后，进行总结和评估，收集用户反馈，优化系统。根据公司的业务发展，考虑后续功能的增加和系统的升级，确保公司新闻简报系统能够持续满足公司的信息传递需求。

5.3.3 收集所在公司相关文章

使用爬虫程序收集公司相关文章是一种获取信息的有效方式，但在进行爬取之前，请确保你已经了解并遵守相关法规和网站的使用协议。以下是一般的爬虫程序设计步骤。

(1) 了解网站结构

在进行爬取之前，先仔细了解目标网站的结构。确定公司文章所在的页面，查看页面的 HTML 结构，了解文章是如何嵌套在页面中的。

(2) 选择爬虫工具

选择适合你需求的爬虫工具。Python 中有一些强大的爬虫框架，如 Beautiful Soup、Scrapy 等。

(3) 编写爬虫代码

使用选定的爬虫框架，编写爬虫代码。以下是一个简单的示例，使用 Beautiful Soup：

```
import requests
from bs4 import BeautifulSoup

def crawl_company_articles(url):
    # 发送请求获取页面内容
    response= requests.get(url)

    if response.status_code= =200:
        # 使用 Beautiful Soup 解析页面
        soup= BeautifulSoup(response.text, 'html.parser')
```

```
        # 根据页面结构定位公司文章
        articles=soup.find_all('div', class_='article-class')  # 请根据实际情况修改选择器
        for article in articles:
            # 处理文章内容,提取信息或保存至数据库
            title=article.find('h2').text
            content=article.find('p').text
            # 这里可以根据需求保存至文件或数据库
            print(f"Title:{title}\nContent: {content}\n")
# 调用爬虫函数,传入目标公司文章页面的 URL
crawl_company_articles("https://www.company.com/articles")
```

(4) 应对反爬机制

有些网站会设置反爬机制,为了防止爬虫,可能会采取一些限制措施,如 IP 封锁、验证码等。在设计爬虫程序时,要考虑这些反爬措施,并采取相应的应对策略。

(5) 遵守规定

在进行爬取时,请确保你的行为遵守相关法规和网站的使用协议。不要进行不当的爬取活动,以免触犯法律或侵犯他人权益。

(6) 定期更新

如果你计划定期爬取公司相关文章,考虑设置定时任务或事件触发机制,确保信息始终是最新的。

5.3.4 生成新闻简报并展示

下面是一个基于 BERT 的文本生成示例代码。BERT 模型通常用于文本分类等任务,也可用于生成文本摘要。基于预训练的 BERT 模型可以生成新闻简报,是 Hugging Face 的 Transformers 库中提供的一个强大工具。

```
import torch
from transformers import BertTokenizer, BertForSequenceClassification
# 加载 BERT 模型和分词器
model_name="bert-base-uncased"  # 使用基础的 BERT 模型
model=BertForSequenceClassification.from_pretrained(model_name)
tokenizer=BertTokenizer.from_pretrained(model_name)
```

```
# 生成新闻简报的函数
def generate_news_summary(prompt, max_length=150):
    # 使用 BERT 分词器对输入进行编码
    inputs=tokenizer(prompt, return_tensors="pt" , max_length=max_length, truncation=True)
    # 通过 BERT 模型生成新闻简报
    outputs=model(** inputs)
    # 获取模型输出的文本
    summary = tokenizer. decode ( outputs. logits. argmax ( ), skip _ special _ tokens=True)
    return summary
# 提供一个简单的新闻标题作为提示
news_prompt="科学家发现新的行星"
# 生成新闻简报
news_summary=generate_news_summary(news_prompt)
# 打印生成的新闻简报
print("Generated News Summary:")
print(news_summary)
```

练习题

1. NLP 是 （　　）

A. 自然处理　B. 自然语言处理　C. 自行语言处理　D. 自我学习处理

2. Word2Vec 算法是 （　　）

A. 词向量学习算法　B. 集体学习方法　C. 兼学向量方法　D. 加密算法

3. 以下属于爬虫工具的是 （　　）

A. Beautiful Soup　B. Beautiful Ssp　C. ASoup　D. B-Soup

4. 以下不属于进行词频统计过程是 （　　）

A. 了解网站结构　B. 选择爬虫工具　C. 编写爬虫代码　D. 建设网站结构

5. BERT 模型通常用于 （　　）

A. 文本分类　B. 图像分类　C. 语音分类　D. 文本生成

第6章

公司物品分类系统开发

学习目标

知识目标

- 了解如何用图片进行物品分类
- 了解百度 API 的基础知识
- 了解百度 API 的建立方法
- 了解百度 API 的调用方法
- 理解百度 API 的返回结果

能力目标

- 能够注册并使用百度 API 账号
- 能够通过 Python 程序调用百度 API
- 能够展示 API 返回结果

素质目标

- 培养学生的发现问题、解决问题的能力
- 培养学生的人工智能应用思维
- 培养学生的流程理解能力、工具运用能力

6.1 背景知识

对于信息化的方式去解释物品而言，物品一般是特指一个企业或者单位所拥有的各类物资、不同产品和各种服务的统称。因此，可以把物品按照使用用途分成物资类、产品类和服务类等。物品分类，一般是指按照这些类型的种类、不同等级或各类性质，分别将其归类成相应的条目，从而把物品分为有规律的不同条目，或者按照其特点划分为不同类型，使物品的存储更有条理、更有规律，从而方便进行数据化的管理。建立物品类别系统，其基础依据是通过推测不同物品之间所存在的一些商品属性，或者自然性关系。因此，物品分类在科学体系里被称为物品分类学。

图6-1　工作环境中的物品识别

如图6-1所示，通常的公司环境中，经过多年的公司运营，会存在各种新买的、正在使用的、暂时不用的及等待报废等各种物品。在公司范围内，物品分类是指将公司所属物品按照其功能属性、业务范畴等进行相应的归类，以便对这些物品进行有效的管理、储存、查询、统计及分析等操作，从而将物品进行有效的、有规则的分类。这种分类，将方便公司物品的管理。常见的公司物品分类方法有按照公司业务属性分类、按照不同用途分类、ABC分类法等。ABC分类法被称为分类库存控制法，也被翻译为帕累托分析法等。这是物品管理中常用的一种分类方法，它根据物品在各类活动方面使用的时候的相对应属性特征进行分类，从而分清楚不同重要级别，从而对各类物品进行不同的管理方式。具体来说，这种方法将物品分成A、B、C三种类型，是由意大利著名经济学家维尔弗雷多·帕累托所提出的。在应用ABC分类方法的时候，可以采取如下步骤。

第一步:收集数据。针对不同的物品对象,收集所有相关的数据。

第二步:制作ABC表进行分类。在物品的类型个数不多的情况下,可以采用类似于排队方法将不同的物品进行排队并放入到列表当中。如果物品类型数很多,无法将其全部排列在表中,或没有必要将全部物品排列出来,可以采用将物品进行分层的方法。比如,可以先按销售额将物品进行分层,可以有效减少物品项目数量,再根据分析得到的结果,根据不同分层的结果进行处理。

第三步:需要绘制ABC分析图。首先,以所得到的物品分类的数值为X坐标,再根据物品的使用数值为纵坐标,从而可以得到XY数据,绘制出可以直观展示的ABC分析图。

卡拉杰克(Kraljic)矩阵分类法是一种常用于辅助物品管理的方法,将物品分为四类:A、B、C和D类。这四类物品,一般可以根据其在存储中的价值和公司人员使用频率等因素而进行划分,再对不同类型进行不同的管理措施。

A类物品:这些物品的在库存中的价值最高,但其实际使用频率较低,通常只会占整个库存量的5%左右。因此,对于A类物品的管理来说,其要点是如何确保它们能够进行安全的储存,并且保证能够随时可以取出,以满足公司的生产或销售需求。同时,一定要注意对这些物品的进货周期和进货数量等进行精准的计划,以避免公司库存中相应物品的存储过多或过少的情况发生。

B类物料:这类物料的库存价值低于A类,通常这种物品占所有库存量的15%左右。这些物品比A类更高的使用频率,但相对其他类型来说不是很高,对于这些物品的管理要点是要及时进行适当的备货,以满足公司日常生产或销售需求,但是要做到尽可能避免公司库存积压。

C类物料:这类物品的库存价值相对来说会较低,但使用频率比较高,通常可以占总库存量的70%左右。对于这类物品的管理方法是要确保库存数量能够满足公司日常生产或销售,但是要做到尽可能避免库存过度积压。同时,可以采用按照需求采购、根据要求发货等方式来有效减少库存量。

D类物品:这类物品在所有类型当中库存价值是最低的,且其使用频率也相对来说最低,通常可能只占总库存的10%左右。对于这类物品,其管理要点是进行定期清理库存,以避免过多的积压现象发生。一般来说,可以考虑“只进不出”等的方式,即出货之后不再进货,等待使用完所有物品后再进行采购。

如图6-2,通过实施科学化的公司物品分类,可以有效调度批量的物品,降低重复采购的可能性,同时兼顾公司财务因素,从而避免因某些物品的库存数量过大,导致公司流动资金积压等问题。物品分类原则不仅要依据物品本身的自然属性,还需要依据用途、特性等进行科学的分类。通常来说,物品分类以相近性为依据进行分组，以便于快速地对物品进行描述，从而满足公司业务中的快速查询、定位等需要，从而满足对物品进行的统计分析和其他相关业务管理等需要。物品只有进行科学化的分类后，才可进行更为有效的存储等管理，进而可以通过统计方法等及时了解该类物品的库存量、使用有效期等信息，从而确保每类物品存储及使用的规范和统一。

图6-2　通过合理的分类及存储，提高物品使用效率

图6-3　某公司处于整改阶段，需要重新整理各类办公用品

如图6-3所示，现阶段某公司处于整改阶段，在北京亦庄开发区司租用了一个仓库存储公司暂时不用的物品，由于人手不够，希望开发一套自动物品识别系统，以便实现自动化分类，从而可以有效提高物品的数字化储存及提取的效率。因此，委托你所在软件开发公司开发相关系统。

你作为软件开发公司的技术员工，需要开发一套基于百度API(应用程序编程接口，application programming interface)的自动物品识别系统。具体实施需求包括：

① 提取物品图片。

② 建立百度API账号。

③ 基于百度API构建相应的物品分类开发应用。

④ 根据所提供的物品图片，利用百度API自动识别其分类。

⑤ 根据识别结果将物品进行保存。

6.2 理论支撑

首先，我们介绍百度API相关知识。本章运用百度API实现对物品图片的自动识别,从而可以根据识别结果,将公司物品进行数字化管理。

6.2.1 API 简介

API 指应用程序编程接口,通常是指一些预先由开发人员定义及编写的函数,其目的是提供给用户一些基于互联网的各类型资源服务,通过网络访问开发好的不同应用例程,而又无需理解如何实现 API。API 通常来说是由一个明确定义的接口规则,从而可以为用户提供特定的服务。API 一般来说可以是私有的,但有时候也可以是开源的。API 的实现不一定是很复杂的,可以只包含一些简单的程序,也可以大到几千行的代码或者程序包。API 被广泛应用于各种项目的开发中,它可以有效帮助程序员能够快速实现不同应用功能,从而提高项目开发效率。同时,API 也使得不同平台或者不同类型软件之间的相互通信成为可能的事情,从而可以帮助用户实现数据传输、数据共享、应用协同等功能。对于各类开发者而言,如何使用 API 来进行项目开发是一项非常有用且重要的技能。一般来说,使用 API 进行项目开发需要了解 API 相关的文档和规范,有时候也需要研究相应的编程语言和平台等。

API 的历史悠久,可以追溯到 20 世纪 60 年代,当时不同计算机系统之间,主要是通过低级语言为基础的编程接口实现通信的,例如系统调用代码或者机器语言指令等。这些接口对于不同的系统之间或者在不同应用平台之间,都有可能是不同的,因此需要针对不同平台或者应用编写不同的接口代码,这使得跨平台对于开发者来说变得非常困难。随着计算机系统的发展变得越来越复杂,网络规模也不断增长,开发人员开始意识到需要解决上述问题,需要开发一种标准化的且高级语言为基础的接口规则来简化跨平台问题,于是 API 的规则应运而生。最早的 API 应用是一些由简单的函数及相应的数据结构所构成,通常被设计成在不同平台上可移植的,可以在不同的平台或者操作系统上使用。在 20 世纪七八十年代,许多组织和公司都开始开发自己的 API 相关标准,以促进项目及应用的开发和集成。这些组织和公司开发的 API 标准通常基于某些特定的编程语言或者操作系统,例如基于 Windows 平台的 API 等。同时,一些其他平台标准化的 API 也开始被开发出来,例如基于 POSIX 和 OS/360 等系统的 API。

进入 20 世纪 90 年代之后,随着互联网的快速发展和普及,API 也开始被广泛地应用于 Web 开发项目当中。Web API 是基于 HTTP 协议(超文本传输协议)的一种接口规则,允许不同平台或者系统的应用程序可以通过网络进行有效的通信或者交互。REST 是其中一种常见的 Web API 风格,它基于 HTTP 协议,调用了其中的几种方法(包含 GET、POST 等)来实现网络资源的连接创建、数据读取、更新和删除等。HTTP 协议是基于互联网的超文本传输协议,是目前最为广泛采用的网络数据传输协议的一种，目前所有的基于互联网的数据传输都遵守的标准，通常运行在 TCP/IP（传输控制协议/因特网互联协议，又名网络通信协议，是 Internet 最基本的协议）协议之上，通过该协议来传递各类数据。它是一个请求—响应为框架的协议。

HTTP 协议具有以下特点：

简单快速：HTTP 协议的特点是简捷且快速，使其可以适用于不同系统的信息传输当中。

灵活性：HTTP 协议允许传输各种类型的数据，传输的数据类型可以由 Content-Type 进行相应的标记，从而可以传输相应类型的数据。

单一连接性：HTTP 协议连接一个请求之后，等到服务器处理完成相应的应答后，断开相应的连接，接受其他连接。

无状态性：HTTP 协议是一种无状态协议，即服务器不会为客户端保存任何相应的通信状态信息，这对于通信连接事件处理十分重要。

可支持 B/S 模式连接：HTTP 协议具体定义了客户端和服务器端之间的通信方式，包括支持各种类型的客户端及服务器端，其中包括浏览器、电脑及手机应用程序等。

总之，HTTP 协议是目前网络应用中最为广泛使用的一种数据传输协议，广泛应用于各类网络相关应用场景当中。现在，API 已经成为各种软件开发所必备的标准的组成部分之一，它使不同的网络应用程序可以方便地通过网络进行数据交互及共享。很多互联网公司和组织都提供了自己定义的 API 接口，以供程序开发者使用，例如百度 API、腾讯云、阿里云等，可以帮助网络应用开发者更好地管理和文档，从而方便使用这些公司的 API 接口。

API 工作原理是通过预先定义的网络接口的规范，开发者可以调用或提供基于 API 接口的数据传输或服务调用，从而实现不同系统或者平台之间的数据传输或者各类应用调用。API 接口的开发或者设计，都需要遵循一定的规则，以便不同平台或者系统之间进行有效的数据通信或者功能调用。具体来说，API 接口通常基于 HTTP 协议。API 一般采用 JSON（JS 对象简谱，是一种轻量级的数据交换格式）等格式进行数据传输。JSON 是数据交换格式的一种，采用通用文本格式，可以跨平台进行数据存储，不同平台也可以根据规则读取相应的数据。

其特点总结如下：

① JSON 具有十分简洁和清晰的层次结构，使其成为理想的数据交换规则语言，特点是易于阅读和编写，同时也易于不同应用进行解析和生成，有效提升数据传输效率。

② JSON 数据格式主要基于两种结构：其中一个是“名称/值”为基础的书写格

式，可以用多种方式记录，比如字典、关联数组等不同格式的组合；另一种是有序列表，可以用多种方式记录，比如像数组等多种格式。

当API接口被某个应用调用时，服务端接收到相应的调用请求，随即返回对应的数据或者结果。同时，接口的调用者也要遵循相应的授权和认证机制，以确保接口调用的稳定性及安全性。

XML(可扩展标记语言)，可以用来标记数据、定义数据类型，是一种允许用户对自己的标记语言进行定义的源语言，用于描述数据存储的结构，其特点是可以在数据中添加元数据标记。XML是一种基于文本的语言，使用一组简单的标记，可以有效描述数据，而这些标记又可以用规则化的方式建立。

XML格式包括以下部分：

声明：通常包含XML的版本号及相应的字符集相关声明。

根元素：XML中的元素都包含在一个根元素中，根元素是XML文件元素的起点。

元素：XML中的元素都包含一个开始标记、一个结束标记，及其中间的具体数据。

属性：XML中的元素包含多种属性，这些属性用于描述元素的不同特性。

XML文件的应用十分广泛，包括各类数据的交换、存储，也包括其他互联网应用领域。它被用于在不同平台、不同编程语言之间交换数据，存储和管理数据，以及通过互联网传输数据等。

通过这些技术集成，API可以有效实现跨平台的应用及服务调用。

API的优点主要包括：

① 可以简化项目开发过程。API可以让不同平台之间简化数据的访问和应用交互，从而缩短项目开发时间，提高程序开发效率。

② 可以提高应用的可扩展性。API可以允许项目以模块化的方式构建应用，易于项目的扩展和调整。

③ 可以有效支持跨平台或者系统的集成。API的使用可以使不同平台或者系统应用程序之间的交互变得可能，通过定好的规则可以支持不同平台或系统之间的集成。

④ 有效改善用户体验。API可以提高用户体验，使用户脱离繁琐的程序编写，为用户带来高质量的应用使用服务。

⑤ 创造更多的新类型商业机会。API是资源开放性和技术创新性的主要驱动力，使得软硬件供应商和服务开发者能够创造新的软硬件产品或技术服务。

API的缺点主要包括：

① 增加服务提供者的开发成本。API的网关等一系列应用都需要进行开发、部署和定期维护,无疑增加了服务提供商的开发成本。

② 网络或者服务延时可能成为瓶颈。为了满足每个接入者的应用需求,为了减少网络或者服务延时,开发人员必须定期或者不定期更新API网关,使其可以实现更多更快的接入服务,如果更新过程涉及很多技术,更新需要很长时间,且其过程可能出现各种问题。

API的发展,在未来可能会受到以下多种因素的影响:

① 互联网的不断发展。随着互联网相关新技术的不断推出,网站服务和个人应用都将更依赖于API所来提供的各种服务。因此,API的数量和类型也将不断增多,从而满足不同的用户需求。

② 各种技术的不断进步。不同类型技术的进步都有可能推动API的发展,比如人工智能、多媒体、区块链等领域的发展,都有可能为API带来新的技术发展和应用场景需求。

③ 云计算的广泛普及。随着云计算的广泛普及,很多的企业都开始将业务迁移到云端开展,而云端业务需要API来连接不同的用户及服务,因此,云计算的不断普及也将促进API的蓬勃发展。

④ 安全性的进一步提高。随着API更广泛地使用,随之带来的安全问题也变得更加突出。因此,未来API的发展需要注重安全性,比如数据的加密技术、身份验证方法等。

⑤ 开放式API逐渐推广。开放式API目前已经成为一种新的趋势,未来会有更多企业或者开发人员使用开放式API方式来提供服务。这种新趋势将促进API的不断开放和新的标准的提出,这无疑将提高API的可操作性和可移植性。

总之,未来API的发展将朝着更加广泛、更简便、多样化、更开放、注重安全的方向发展。同时,随着各种新技术的不断发展和各类型应用场景的不断扩展,API相关的各类应用领域也将不断增多。API接口在未来也是一种非常有用的工具,它可以帮助开发人员快速实现各种应用程序的开发,提高项目开发效率,促进平台及系统软件之间的通信和数据相互共享。同时,需要注意的是使用和开发API接口的需要遵循一定的设计规范和开发标准,以确保不同平台或者系统之间的数据交互和应用调用能够顺利开展。

6.2.2　API使用场景

(1) 天气应用API

许多应用领域需要使用天气API,从而可以获取实时的天气相关信息,这些天气信息可以用于各种服务当中，例如出行、物流、防灾、社交媒体等。

(2) 地图相关 API

地图相关 API 是目前许多应用程序中广泛使用的另一种 API，例如旅游、出行、导航、外卖、物流等。这些地图 API 提供了准确的地理位置、实时的路线规划、不同纬度的搜索等功能。

(3) 社交媒体类 API

现在，很多社交媒体平台都提供了不同类型的 API，使得可以访问用户社交媒体信息，比如新浪微博等。这些信息可以用于各种统计或者应用程序中，例如社交媒体的监管、营销、用户分析等。

(4) 电商类 API

电商类 API 提供了访问电商网站中的各类商品、订单、库存等信息的功能，这些信息可以用于不同应用中，例如电商进行用户管理、销售分析、供应链优化等。

(5) 支付用途的 API

支付用途 API 是目前大部分电子商务类应用程序中广泛使用的一种 API，比如我们常见的微信使用的支付、支付宝使用的支付功能等。这些支付 API 提供了在线交易功能，可以方便地集成到不同类型的应用程序中，从而提高用户体验和财产安全性。

百度 API 是一种基于互联网的 API 技术，它为不同类型开发者提供了一种便捷、快速、高效的访问方式，通过网络访问百度提供的各种数据和应用服务。以下是常见的百度 API 相关应用案例。

(1) 百度地图 API

百度地图 API 是一种提供地图信息的 API 服务，可以通过互联网在线访问各类地图数据。这些功能都可以应用于各种服务中，例如旅游、地址查询、路线导航、物流等。

(2) 百度翻译类 API

百度翻译类 API 是一种基于互联网提供多语种翻译服务 API，它为开发者提供了将用户输入地文本或者语音翻译成用户指定的多种语言的功能。这些功能可用于各种类型的应用程序中，例如语言翻译、跨境交易、多种语言交流等。

(3) 百度人工智能 AI

百度人工智能 AI 平台是一种基于互联网提供人工智能服务的 API，它为开发者提供了各种类型的人工智能算法服务，比如自然语言处理、票据识别、图像识别、图像文字识别、语音识别等。这些功能可用于各种类型的应用程序中，比如智能问答客服、智能驾驶等。

(4) 百度新闻类 API

百度新闻类 API 是基于互联网提供的新闻服务，为开发者提供了可以方便快捷地访问各种新闻数据和资讯信息的功能。这些功能可用于各种不同类型的应用程序中，例如新闻在线阅读、不同类型新闻聚合等。

(5) 百度云的 API

百度云的 API 是一种基于互联网提供的云计算类型的服务，它为开发者提供了可以通过 API 存储数据、在线处理数据、远程运行应用程序等不同功能。这些功能可用于各种不同类型的应用程序中，例如在线存储、电子商务办公、移动服务应用等。

其中，百度所提供的人工智能相关 API 涵盖了多个不同领域和各类应用场景，包括但不限于：

(1) 自然语言处理 API

提供各种文本分类、多种情感分析、不同场景中的命名实体识别等功能，这些都有助于开发者进行实际场景中的文本分析和处理。

(2) 语音的自动识别和生成

百度 API 提供丰富的语音识别和合成等功能，可以支持不同语言和方言的相关服务，可用于智能聊天、智能客服等领域。

(3) 图像智能识别和处理

百度 API 可提供智能化的图像识别、高精度的人脸检测、多种物体检测等功能，可用于实际场景中的图像分类、多目标检测、公司人脸认证等应用场景。

(4) 机器学习应用平台

百度 API 提供了各种机器学习算法相关库和多种工具箱，可以支持多种实际场景中的数据挖掘和分析等任务，其中包括分类、回归分析、聚类算法等。

(5) 智能推荐相关系统

百度 API 可以根据用户所输入的历史行为和各种偏好，提供符合用户需求的个性化的推荐服务，可用于电商推荐、视频推送等领域。

百度智能 API 的使用比较简单，首先需要先注册百度 AI 账号，建立相应的应用，并获取应用对应的 API Key 和 Secret Key 等，有助于在调用 API 的时候进行身份验证，然后根据用户需求选择相应的 API 接口进行有效的调用。同时，百度还提供了相应的文档，包含详细的 API 开发文档和指南，方便相关开发者学习并使用 API。

总之，百度 API 已经成为各种互联网应用项目开发中不可缺少的重要工具，通过使用百度 API，开发者可快速实现项目开发，提高整个项目的开发效率，促进不同系统或者平台之间的相互通信和数据资源共享。

6.3 实训案例:公司物品分类系统项目

6.3.1 需求分析

随着互联网应用和人工智能相关技术的快速发展,很多企业开始利用 API 等技术手段来提升公司业务效率和商业竞争力。其中,物品智能识别系统作为物流领域的重要部分,对于提高物流工作效率和运行准确性具有重要意义。本文将对基于百度 API 开发公司物品识别系统的需求进行分析。

(1) 项目背景

市场需求:随着公司业务的不断发展,所积压各种物品日益增多,物品识别需求也日益增长。由于百度 API 提供了十分丰富的智能视觉技术,这无疑为物品智能识别系统建设提供了强有力的技术保障。

(2) 项目目标

提高物品智能识别准确率,减少人工操作,并降低识别误差,实现快速、有效、实时的物品识别,从而提高物品管理效率,为企业提供定智能化的物品识别解决方案,满足公司个性化识别需求。

(3) 功能需求

图像采集需求:通过摄像头等各种拍照设备采集物品图像。

图像预处理需求:对所采集的图像进行各种处理,如更改图像尺寸等,以提高识别准确性。

特征提取实现:利用百度智能 API 所提供的视觉技术,提取物品图像特征信息。

分类识别需求:根据提取的特征信息,百度 API 对物品进行准确的分类和识别。

结果展示:将识别结果以图形或文本形式展示给用户。

数据分析:对识别数据进行统计和分析,为企业决策提供支持。

(4) 非功能需求

稳定性:系统应具备高稳定性,确保长时间运行无故障。

安全性:确保数据传输和存储的安全性,防止数据泄露和篡改。

可扩展性:系统应具备可扩展性,以适应未来业务增长和新技术应用。

易用性:界面设计应简洁明了,操作简便,降低用户学习成本。

成本效益:在满足功能需求的前提下,尽量降低开发成本,提高经济效益。

(5) 约束条件

技术约束:受限于百度 API 提供的计算机视觉技术能力。

时间约束：需要在规定时间内完成系统的开发和测试工作。

资源约束：需要合理利用现有硬件和软件资源，避免资源浪费。

法规约束：需要遵守相关法律法规和政策规定，确保合规性。

(6) 风险评估与对策

技术风险：百度 API 可能存在不稳定或性能不足的情况，需要采取措施进行优化和改进。

数据安全风险：由于各种黑客技术等方式的存在，在互联网上传输数据的时候，需要加强数据安全措施，防止用户数据被其他不法分子利用，从而造成不必要的损失。

项目延期风险：需要在项目过程中加强项目管理，确保项目按时完成。

市场需求变化风险：需要密切关注市场需求变化，及时调整产品方向和策略。

6.3.2　项目开发计划书

(1) 项目目标

本项目的目标是开发一个基于百度 API 的物品识别系统，该系统能够实现对物品的快速、准确识别，并能够根据识别结果进行自动化处理和数据分析。具体目标如下：

实现对物品的高精度图像识别和文字识别。

根据识别结果进行自动化处理和数据分析。

提高运营效率，降低成本，并增强用户体验。

(2) 需求分析

详见 6.3.1。

(3) 项目实施方案

技术研究：进行相关技术研究和调研，包括图像识别、自动化处理和数据分析等技术。

系统设计：根据用户所提出的需求，建立整个系统框架，建立合理的系统设计。

开发实施：按照系统设计，进行软件开发和实现。

测试与优化：进行系统测试和优化，确保系统的稳定性和性能。

上线运行：完成系统的上线运行和后续维护工作。

(4) 技术方案

图像识别：采用百度 API 的图像识别技术，实现对物品的高精度识别。

自动化处理：利用自动化技术，实现对物品的自动化处理和数据分析。

数据分析：利用大数据分析技术，对识别结果进行数据分析和挖掘。

(5) 开发计划

技术研究(1周):进行相关技术研究和调研。

系统设计(1周):根据用户所提出的需求,制定系统设计目标,进行系统模块划分。

开发实施(6周):按照系统设计,进行软件开发和实现。

测试与优化(2周):进行系统测试和优化,确保系统的稳定性和性能。

上线运行(1周):完成系统的上线运行和后续维护工作。

(6) 测试计划

功能测试:对系统的各个功能模块进行测试,确保功能的正确性和稳定性。

性能测试:测试人员对系统进行不同的测试,保证系统新能的稳定性。

安全测试:对系统的安全性进行测试,确保系统的安全性符合要求。

兼容性测试:在不同平台即系统上,测试系统是否运转良好。

用户验收测试:邀请用户进行验收测试,确保系统能够满足用户需求和项目目标。

(7) 发布计划

内部测试阶段:在开发完成后,进行内测阶段,邀请内部用户进行体验和反馈。

公开测试阶段:在内部测试阶段完成后,进行公开测试阶段,邀请外部用户进行体验和使用。

正式发布:在公开测试阶段完成后,进行正式发布,向市场推广和使用。

(8) 风险管理

技术风险:加强潜在的技术风险研究和测试,确保技术的稳定性和可行性。

项目延期:加强整个项目进度管理和协调,确保项目的按时完成。

成本控制:合理规划项目预算和并正确使用,确保项目成本在可控制范围内。

6.3.3 构建物品数据集

如图6-4所示,首先构建四类物品数据集:自行车、桌子、椅子、电脑。这四类为最为常见的办公室用品,大型办公室常常会有很多相关物品的购买及淘汰,因此相关物品的整理常常是整理难点。通过建立相应数据集,通过自动化物品分类,进行相关数据的存储及物品管理。要构建物品数据集,需要进行以下步骤。

① 确定数据集的目标和范围:确定数据集的目标和范围,例如要收集哪些类型的物品数据,数据的来源和收集时间等。

② 收集数据:从不同的来源收集物品数据,例如通过摄像头、照相机等方式获取数据。在收集数据时需要注意数据的准确性、完整性和可靠性。

图 6-4　收集相应图片，为物品的分类工作做准备

③ 数据清洗和处理：对收集到的数据进行清洗和处理，以去除重复、错误或不完整的数据，并进行必要的格式化和标准化处理。

④ 数据标签化：对物品数据进行标签化处理，以便于后续的分类和识别。可以根据物品的属性、类别、品牌等信息进行标注。

⑤ 数据存储和管理：将数据存储在适当的数据库之类的数据仓库中，并进行必要的管理和维护。同时需要注意保障数据的安全性和隐私保护。

⑥ 数据集评估和改进：对构建的物品数据集进行评估和改进，以使其能够更好地满足实际需求。可以进行必要的调整和优化，以提高数据集的质量和实用性。

在构建物品数据集时，需要注意以下几点：

① 数据的质量和准确性：高质量的数据是整个项目运行正确的关键基础，因此需要在数据收集、清洗和处理过程中进行严格的质量控制。

② 数据的多样性和丰富性：为了使收集到的数据集，能够更好地反映实际情况，需要尽可能地收集不同类型、来源和时间的样本，并确保数据的多样性和丰富性。

③ 数据的可扩展性和可维护性：随着业务需求和技术的发展，数据集也需要不断地进行扩展和维护。因此，在构建数据集时需要考虑其可扩展性和可维护性。

④ 数据的隐私和安全性：在收集、存储和使用物品数据时需要考虑隐私和安全性问题，并采取必要的措施保护个人隐私和企业商业秘密。

6.3.4　基于 API 实现物品分类

（1）以百度 API 为例

如图 6-5 所示，首先注册账号，随后通过输入账号及密码进入。

图 6-5　百度 API 登录界面

如图 6-6 所示，点击控制台，可以进入人工智能 API 相关界面。

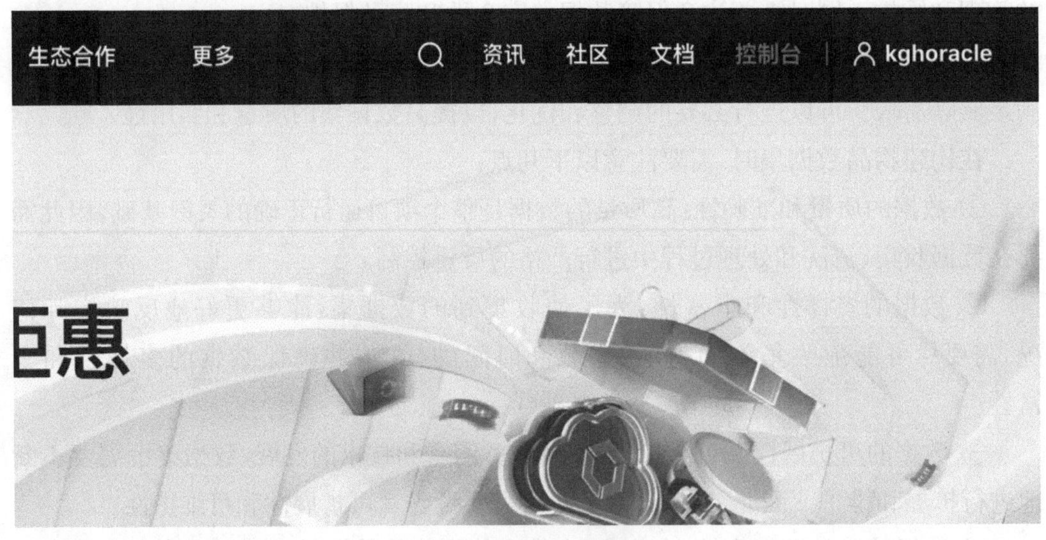

图 6-6　百度 API 控制台

如图 6-7 所示，随后从产品服务选择“图像识别”。

如图 6-8 所示，百度 API 一般提供免费尝试机会，可以先选择免费尝试。如果免费尝试机会结束，可以选择付费方式，付费方式一般会有按量后付费的方式及资源包的形式，小规模应用一般适合按量后付费。

图 6-7　百度智能云产品服务界面

图 6-8　图像识别应用建立初始页面

通过点击“创建应用”可以进入应用创建页面。如图 6－9 所示，输入应用名称，并选择需要识别的物体类型，默认为全部选择。

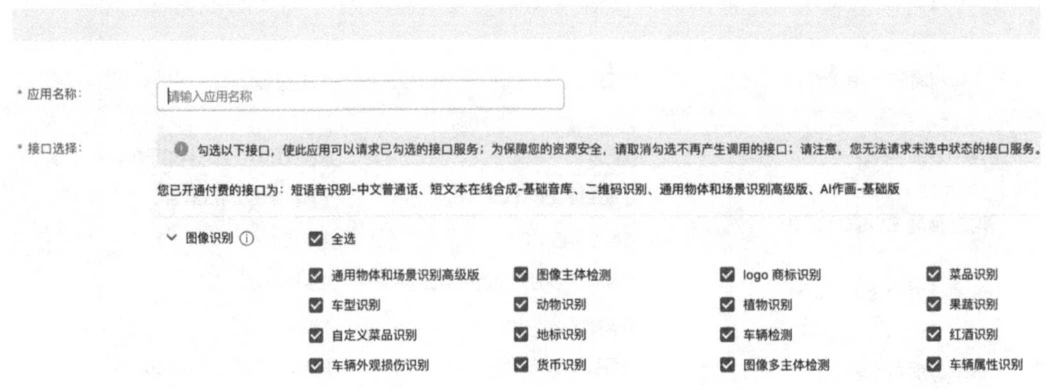

图 6－9　选择识别类型

如图 6－10 所示，可以在应用列表中看到所创建的应用，相关 AppID，API Key，Secret Key 这三个变量十分重要，是调用 API 是否成功的关键信息。

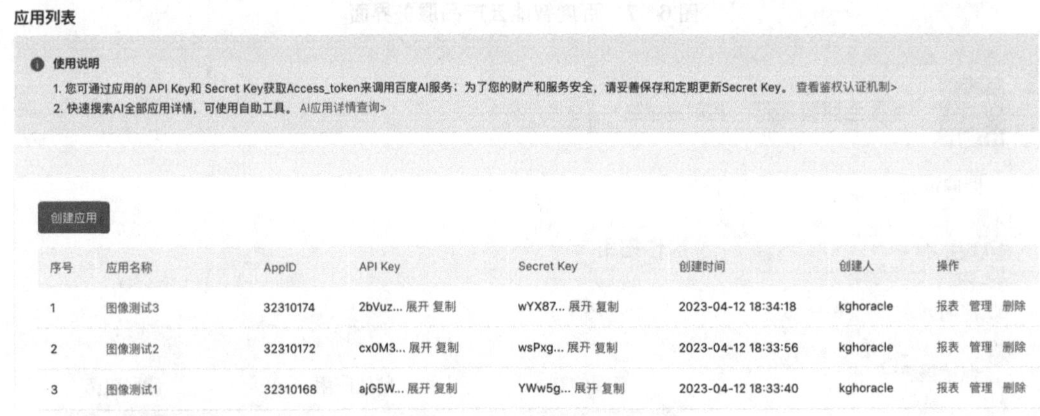

图 6－10　查看应用列表

(2) 程序调用

以下第一段代码为第三方模块调用。

```
# 百度 API 相关模块
from aip import AipImageClassify
```

如果无法运行，打开命令窗口，输入 pip install baidu-api，则出现如图 6－11 所示的画面。

```
Collecting baidu-api
  Downloading baidu_api-0.0.2-py3-none-any.whl (6.3 kB)
Collecting redis (from baidu-api)
  Obtaining dependency information for redis from https://files.pythonhosted.org/packages/0b/34/a01250ac1fc9bf9161e07956d2d580413106ce02d5591470130a25c599e3/redis-5.0.1-py3-none-any.whl.metadata
  Downloading redis-5.0.1-py3-none-any.whl.metadata (8.9 kB)
Requirement already satisfied: requests in ./anaconda3/lib/python3.11/site-packages (from baidu-api) (2.31.0)
Requirement already satisfied: charset-normalizer<4,>=2 in ./anaconda3/lib/python3.11/site-packages (from requests->baidu-api) (2.0.4)
Requirement already satisfied: idna<4,>=2.5 in ./anaconda3/lib/python3.11/site-packages (from requests->baidu-api) (3.4)
Requirement already satisfied: urllib3<3,>=1.21.1 in ./anaconda3/lib/python3.11/site-packages (from requests->baidu-api) (1.26.16)
Requirement already satisfied: certifi>=2017.4.17 in ./anaconda3/lib/python3.11/site-packages (from requests->baidu-api) (2023.7.22)
Downloading redis-5.0.1-py3-none-any.whl (250 kB)
   ━━━━━━━━━━━━━━━━━━━━━━━━━━━━━━━━━━━━━━━━ 250.3/250.3 kB 41.4 kB/s eta 0:00:00
Installing collected packages: redis, baidu-api
Successfully installed baidu-api-0.0.2 redis-5.0.1
```

图 6-11　命令窗口中运行安装百度 API 模块的命令

最后表示安装成功，重新运行相应代码，即可成功运行。在 Python 中，可以通过 import 语句来导入并使用第三方模块。以下是一个简单的示例，展示了如何导入和使用第三方模块：

首先，确保已经下载了所需的第三方模块。然后可以使用 pip 安装命令进行安装，例如：

```
pip install 模块名
```

在代码中，使用 import 语句导入模块。下面将导入 numpy 模块，并为其指定一个别名 np。这样，你就可以使用 np 来调用模块中的函数和类。然后，你可以使用模块中的函数和类来执行所需的操作。例如，使用 numpy 模块中的 array 函数创建一个数组：

```
import numpy as np
# 创建一个数组
arr=np.array([1,2,3,4,5])
print(arr)
输出：
[1 2 3 4 5]
```

这只是使用第三方模块的一个简单示例。你可以根据模块的文档和示例来了解更多功能和用法。更详细的信息可以参考 Python 的第三方模块的官方文档，以便正确使用它们。

下面一段为 API 相关信息，可以从图 6－8 所示的应用列表中查看。

```
# 百度 API 所创建的应用相应信息
APP_ID='2383*****'
API_KEY='SVLT6nYI4KQ*******'
SECRET_KEY='iZLiO2Z4nCIM55********'
```

下面一段将 API 相关信息发送到百度 API，从而建立连接过程，连接句柄为 client。

```
client=AipImageClassify(APP_ID,API_KEY,SECRET_KEY)
```

下面一段代码为根据文件路径，读取图片文件，从而转换成百度 API 可读入的文件。不是所有的文件都是可以直接导入到百度 API，所以需要图片格式转换过程。

```
# 将文件转换成百度 API 可以识别的图片
def get_file_content(filePath):
    with open(filePath,'rb') as fp:
        return fp.read()
image=get_file_content('图片 1.png')
```

下面一段将文件发送到百度 API，并得到结果，然后通过 print 函数打印结果。

```
# 可以更改相应配置
options={}
# 连接百度 API，获取相应数据
print(client.advancedGeneral(image,options))
```

利用百度 API 自动识别，并返回类别标签的完整代码如下。

```
# 代码 6.3.4
from aip import AipImageClassify
APP_ID='439*****'
```

```
API_KEY='GgaK933yhT2qg*******'
SECRET_KEY='pYjfSsdZCfRkvmxOQyG6**********'
client=AipImageClassify(APP_ID,API_KEY,SECRET_KEY)
def get_file_content(filePath):
    with open(filePath,'rb') as fp:
        return fp.read()
image=get_file_content('图片 1.png')
options={}
# print(client.advancedGeneral(image,options))
result=client.advancedGeneral(image,options)
print(result['result'][0]['keyword'])
```

图 6-12 为返回结果,可以看到其中显示“自行车”。

```
{'result_num': 5, 'result': [{'keyword': '自行车', 'score': 0.887327, 'root': '商品-母婴用品用品'},
{'keyword': '折叠自行车', 'score': 0.699645, 'root': '交通工具-自行车'}, {'keyword': '支架', 'score':
0.421465, 'root': '商品-首饰'}, {'keyword': '购物篮', 'score': 0.240472, 'root': '商品-容器'}, {'keyword'
'摩托车', 'score': 0.015147, 'root': '交通工具-摩托车'}], 'log_id': 1729478880050449219}
```

图 6-12　返回结果

6.3.5　存储物品分类结果

自动化实现图片识别及存储的完整代码如下。

```
# 代码 6.3.5
from aip import AipImageClassify
import glob
import os
import shutil

APP_ID='238*********'
API_KEY='SVLT6nYI4KQ**********'
SECRET_KEY='iZLiO2Z4nCIM55I4g3ZqM*********'
client=AipImageClassify(APP_ID,API_KEY,SECRET_KEY)
def get_file_content(filePath):
```

```
        with open(filePath, 'rb') as fp:
            return fp.read()
GT_PATH=glob.glob('物品/*.*')
for jpg_file in GT_PATH:
    # print(jpg_file)
    image=get_file_content(jpg_file)
    options={}
    print('————————')
    result=client.advancedGeneral(image, options)
    directory=result['result'][0]['keyword']
    # break
    src_file=jpg_file
    src_file1=str(src_file).replace('物品','')
    dest_folder=directory

    dest_file=dest_folder+src_file1

    print(src_file)
    print(dest_folder)
    print(dest_file)

    # break
    if os.path.exists(dest_folder) and os.path.isdir(dest_folder):
        pass
    else:
        os.mkdir(dest_folder )
    if os.path.exists(dest_folder):
        if os.path.exists(dest_file):
            pass
        else:
            # os.rename(src_file, dest_file)
            shutil.copyfile(src_file, dest_file)
```

(1) os 库

os 库是 Python 标准库中一个比较重要的库，提供了一些与操作系统交互的功能。主要功能包括所使用操作系统相关变量和操作，及文件和目录相关操作，以及系统命令和管理进程。

在 os 库中，常用的函数操作包括：

os. name：输出字符串指示正在使用的平台。

os. getcwd()：得到当前工作文件包含的目录。

os. listdir(path)：以列表的形式返回指定目录 path 下的所有文件和目录名。

os. mkdir(path)：创建新目录，path 为一个字符串，表示新目录的路径。

此外，os 库还提供了许多其他函数，如处理文件路径的 os. path 子库、启动系统中其他程序的 os. system(command)等。使用这些函数，你可以方便地进行文件和目录操作、执行命令和管理进程等操作。

总之，Python 的 os 库是一个功能强大的库，提供了许多与操作系统交互的功能，使得 Python 程序可以更好地与操作系统交互。

(2) glob 库

Python 的 glob 库是一个用于文件模式匹配的库，可以方便地搜索和匹配目录中的文件。使用 glob 库，你可以通过通配符模式来匹配文件名。常见的通配符包括'*'(匹配任意字符序列)、'?'(匹配任意单个字符)和'[seq]'(匹配 seq 中的任意字符)。

下面是一个使用 glob 库的示例：

```
import glob
# 搜索当前目录下所有以.txt 结尾的文件
for file in glob.glob('*.txt'):
    print(file)
```

在上面的示例中，glob. glob('*. txt')会返回一个包含当前目录下所有以. txt 结尾的文件名的列表。然后，通过遍历列表并打印每个文件名，可以获取这些文件的列表。

除了使用通配符模式匹配文件名，glob 库还提供了其他一些功能，如搜索指定目录下的所有文件、递归搜索子目录等。你可以查阅 Python 官方文档或参考相关教程来了解更多关于 glob 库的用法。

(3) shutil 库

Python 的 shutil 库是另一个用于文件和目录操作的库，提供了比 os 库更为高级的文件和目录操作功能。

shutil 库的主要功能包括：

复制和移动文件：shutil 库提供了'shutil. copy()'和'shutil. copy2()'函数用于复制文件，以及'shutil. move()'函数用于移动文件。

删除文件和目录：shutil 库提供了'shutil. rmtree()'函数用于递归删除目录及其内容。

压缩和解压缩文件：shutil 库提供了'shutil. make_archive()'函数用于创建压缩包，以及'shutil. unpack_archive()'函数用于解压缩文件。

计算文件哈希值：shutil 库提供了'shutil. hash()'函数用于计算文件的哈希值。

下面是一个使用 shutil 库的示例：

```
import shutil
# 复制文件
shutil.copy('原文件.txt','复制到文件.txt')
# 移动文件
shutil.move('原文件.txt','复制到文件/')
# 删除目录及其内容
shutil.rmtree('删除的目录')
# 创建压缩包
shutil.make_archive('文件','zip','要压缩到的文件目录')
```

shutil 库还提供了许多其他功能，如计算文件的哈希值、比较文件等。你可以查阅 Python 官方文档或参考相关教程来了解更多关于 shutil 库的用法。

（4）for 语句

Python 中的 for 语句用于遍历序列（如列表、元组、字符串、字典、集合或文件对象）或其他可迭代对象，并对每个元素执行指定的代码块。'for'循环允许我们简化对多个项目进行的相同操作的代码。

下面是一个基本的 for 循环的语法：

```
for value in group:
    # 执行某些操作
```

value 是一个变量，用于在每次迭代中存储可迭代对象中的当前元素。

group 是要遍历的可迭代对象（例如列表、元组、字符串、字典等）。

例如，如果我们有一个数字列表，并希望打印出每个数字，我们可以使用 for 循环来实现：

```
numbers=[1,2,3,4,5]
for number in numbers:
    print(number)
输出：
1
2
3
4
5
```

在每次迭代中，number 变量会被赋值为列表中的下一个元素，然后执行缩进的代码块[在这种情况下是 print(number)]。当所有元素都被遍历后，循环结束。

6.3.6　产品发布步骤与注意事项

基于百度 API 的物品分类产品发布需要进行以下步骤。

① 产品准备：在产品发布前需要进行充分的准备，包括对产品的功能、特点、使用场景等进行详细的分析和研究，以确保产品能够满足用户需求并具有市场竞争力。

② API 集成：将百度 API 与物品分类产品进行集成，以实现物品的快速、准确识别。需要选择适合的百度 API 接口，并进行接口调用和参数设置等工作。

③ 用户体验优化：优化用户界面和操作流程，以提高产品的易用性和用户体验。需要考虑用户的需求和习惯，并设计必要的交互过程。

④ 测试与优化：在产品发布前需要进行充分的测试和优化，以确保产品的稳定性和性能。需要进行功能测试、性能测试、安全测试等，并及时修复和优化产品中存在的问题。

⑤ 产品发布：在产品测试和优化完成后，可以进行产品的正式发布。需要制定产品推广计划、宣传策略等，并选择合适的渠道和平台进行产品的推广和销售。

⑥ 后续维护与更新：在产品发布后需要进行后续的维护和更新工作，以确保产品的稳定性和持续可用性。需要及时处理用户反馈和问题，并进行必要的升级和维护。

在基于百度 API 的物品分类产品发布中，需要注意以下几点。

① API 接口的调用和参数设置：需要了解百度 API 接口的调用方式和参数设置

方法，以确保接口调用的正确性和参数设置的准确性。

② 数据隐私和安全性：在处理物品数据时需要考虑隐私和安全性问题，并采取必要的措施保护个人隐私和企业商业秘密。

③ 市场推广和销售策略：需要制定合适的市场推广和销售策略，以吸引更多的用户和客户。需要对市场进行深入调研和分析，并制定相应的营销计划和销售策略。

④ 用户反馈和问题处理：需要及时处理用户反馈和问题，以提高用户满意度和忠诚度。需要建立完善的用户反馈渠道和问题处理机制，并及时回复和处理用户的问题和意见。

练习题

1. API 是指 （　　）

A. 通用程序　　B. 系统程序

C. 画面接口　　D. 应用程序编程接口

2. 以下不是构建物品数据集步骤的是 （　　）

A. 收集数据　　B. 数据标签化　　C. 数据清洗　　D. 数据编程

3. Python 中导入第三方模块的方法是 （　　）

A. include　　B. inside　　C. inter　　D. import

4. Python 中的 glob 库是 （　　）

A. 操作库　　B. 网络查询库

C. 文件模式匹配库　　D. 图形库

5. 以下不属于百度 API 的产品发布步骤的是 （　　）

A. 注册 API 账号　　B. API 集成

C. 测试与优化　　D. 产品准备

第 7 章

公司文件管理系统开发

学习目标

知识目标

- 了解百度 API 的文字识别基础知识
- 了解百度 API 的文字识别应用的建立方法
- 了解百度 API 的文字识别应用的调用方法
- 理解百度 API 的文字识别返回结果

能力目标

- 能够建立自己的百度 API 账号并开始使用
- 能够通过 Python 程序调用百度 API 文字识别
- 能够显示 API 调用结果并保存

素质目标

- 培养学生的发现问题、解决问题的能力
- 培养学生的人工智能应用思维
- 培养学生的流程理解能力、工具运用能力

7.1 背景知识

公司文件管理系统，通常是指用于存储、管理、检索和保护公司内部各类文件的系统。以下是一些常见的功能。

① 文件存储：可以存储不同类型的文件，包括文本文件、各类图片、视频、音频等。

② 文件分类和检索：可以根据不同的标准对文件进行分类和检索，例如按文件类型、按创建日期、按部门等。

③ 文件版本控制：可以管理各文件的不同版本，确保文件版本的正确性和一致性。

④ 文件审批和流程控制：可以设置文件使用及发布的审批流程，确保文件的发布和使用符合公司规定。

⑤ 文件的安全性保护：可以针对不同用户级别，设置不同级别的访问权限，保护文件访问的安全性和机密性。

⑥ 文件备份和恢复：可以定期在不同位置或者设备上备份文件，确保数据的可恢复性。

⑦ 文件的各类统计和分析：系统可以提供各类统计和分析功能，帮助公司了解员工使用文件的各种情况。

公司文件管理系统的实现方式可以包括内部开发、购买第三方软件产品、使用云服务等。选择适合公司需求的文件系统需要考虑多种因素，例如成本、可用性、安全性、可扩展性等。

如图 7－1 所示，现阶段某公司积留了很多纸质文件，希望开发一套自动文件识别系统，可以将纸质文件转化为数据，从而方便相应的存储及使用。因此，委托你所在软件开发公司开发相关系统。

图 7－1　良好的文件管理能提高公司工作效率

你作为软件开发公司的技术员工，需要开发一套基于百度 API 的纸质文件识别系统。具体实施需求包括：

① 将纸质文件进行拍照。

② 建立百度 API 文件识别应用。

③ 构建相应的文件识别流程。

④ 根据所提供的文件图片，自动识别

其内容。

⑤ 将识别结果进行保存。

7.2 理论支撑

文件管理对于公司的重要性不容忽视，有效的文件管理能够确保公司快速处理各种文件，保护知识产权，降低法律风险，提供高效的决策依据，提高工作效率。文件管理对公司的重要性不容忽视。通过实施有效的文件管理，公司可以确保历史记录和审计追踪，提高员工文件使用过程的满意度。因此，公司应该从战略角度考虑文件管理问题，并将其作为业务发展的重要的基础性工作。

7.2.1 OCR 简介

百度 API 图像文字识别是一种将图片中的文字转换成可编辑和可搜索的文本的技术。这项技术主要使用了 OCR(光学字符识别)技术。OCR 技术可以将实际场景中的文字等，利用照相机等方式，转换为图像，然后利用计算机进行处理。这项技术通过使用图像处理和机器学习的方法，从图像中提取文字信息。它被广泛应用于书籍、文档、报纸等纸质印刷品的自动化文本识别，手写文字的数字化，以及解析车辆牌照等场景。要使用百度 API 图像文字识别，首先需要注册账号并获取 API 密钥。密钥是一种参数，通常用于信息的加密和解密算法中。在密码学中，密钥用于控制信息的加密和解密操作的方式。密钥可以是秘密的或公开的，这取决于实际应用当中的需求。对称密钥和非对称密钥是两种常见的密钥类型。对称密钥加密是一种使用相同的密钥进行加密和解密的加密方式。加密和解密过程使用相同的密钥，因此存在一定的泄露风险，需要安全地交换密钥，保证未被其他人不正当使用，以防止未经授权的访问。这种加密方式也称为单钥加密或秘密密钥加密。非对称密钥加密是一种使用不同的密钥进行加密和解密的加密方式。公钥用于加密数据，私钥用于解密数据。公钥可以公开分发，而私钥必须保持机密并由接收者保管。这种加密方式也称为双钥加密或非对称加密。在密钥管理中，重要的是确保私钥的安全性和保密性，以防止未经授权的访问和数据泄露。此外，对于使用公钥加密算法的情况，需要确保公钥的安全性和分发，以确保接收者能够解密接收到的加密数据。

本章选择使用 Python 语言调用 API。在调用 API 时，需要将需要识别的图片作为参数传入。以下是使用 Python 调用百度 API 图像文字识别的示例代码。

```
from aip import AipOcr
# API 相关信息
APP_ID='你的 APPID'
API_KEY='你的 API_KEY'
SECRET_KEY='你的 SECRET_KEY'
# 调用 API
client=AipOcr(APP_ID, API_KEY, SECRET_KEY)
# 存放图片的相对路径。如果绝对路径,则需要完整写出所有路径
path='./image/example.jpg'
# 将图片转化成百度 API 可识别格式
with open(path, 'rb') as fp:
img=fp.read()
# 通过百度 API 进行识别
result=client.basicAccurate(img)
```

注意:在使用百度 API 图像文字识别时,需要先确保输入的图片是清晰的,即肉眼可以识别其文字内容,并且符合 API 的使用要求。此外,由于 OCR 技术本身的局限性,对于一些背景复杂、字体不规范等情况,特别是比较潦草的各种字体,识别效果可能会有所降低,或者识别成别的文字。

上述代码中,open 函数是用来打开文件的,它返回一个文件对象,该对象可以用于读取或写入文件。open 函数的语法如下:

```
open(file, mode='r', buffering= -1, encoding=None, errors=None, newline=None, closefd=True, opener=None)
```

open 函数的参数说明如下。

file:要打开的文件名。如果文件名包含路径,那么必须提供完整的路径。

mode:文件打开模式。默认是只读模式('r')。其他模式包括:

+'r':只读模式,打开文件以供读取。

+'w':写入模式,打开文件以供写入。如果文件存在,它将被覆盖。如果文件不存在,将创建一个新文件。

+'a':追加模式,打开文件以供追加数据。如果文件存在,数据将被写入到文件末尾。如果文件不存在,将创建一个新文件。

+'x':独占模式,创建一个新文件并打开它以进行写入。如果文件已经存在,将引发一个 FileExistsError。

+'b':二进制模式,用于二进制数据读写。

+'t':文本模式,这是默认模式,用于文本数据读写。

+'+':更新模式,打开文件以进行更新(读取和写入)。

buffering:指定缓冲策略。默认值是-1,表示使用系统默认的缓冲策略。其他值可以是 0 到任意正整数之间的整数,表示使用的缓冲大小。如果是负数,使用指定的缓冲大小。如果是 0,则没有缓冲。如果是正数,使用指定的缓冲大小。

encoding:指定编码方式。默认是系统默认的编码方式。

errors:指定错误处理方式。默认是'strict',表示严格处理错误。

newline:指定换行符处理方式。如果不特别指定,则采用系统默认的换行符处理方式,或者可以设置成其他换行符处理方式字符串。

closefd:如果为 True(默认),则在关闭文件对象时关闭文件描述符。如果为 False,则在关闭文件对象时不关闭文件描述符。

opener:自定义打开函数,用于打开文件描述符。该函数应该接受两个参数(文件描述符和路径),并返回一个文件描述符。默认的打开函数是内建的 open()函数。

示例代码:

```
# 打开一个文本文件进行读取
file=open("example.txt","r")
content=file.read()
file.close()
print(content)
```

7.2.2 OCR 使用典型案例介绍

图像文字识别技术广泛应用于各个领域,以下是其中的一些主要应用:

① 文件识别:通过对文档进行扫描或拍照,使用图像文字识别技术将纸质文件转化为可编辑和可搜索的数字文本,方便进行文档管理和检索。

② 印刷品识别:对于书籍、杂志、报纸等印刷品,通过图像文字识别技术可以将文字提取出来,方便进行内容检索、编辑和管理。

③ 银行票据处理:银行票据是一种重要的支付工具,使用图像文字识别技术可以快速准确地读取票据上的金额、收款人等信息,提高处理效率。

④ 汽车车牌识别：通过图像文字识别技术，可以快速准确地读取汽车车牌号码，方便进行车辆管理、交通流量统计等应用。

⑤ 身份证识别：通过图像文字识别技术，可以快速准确地读取身份证上的姓名、性别、出生日期、民族等信息，方便进行身份验证和管理。

⑥ 商标识别：通过对品牌标志进行图像扫描和文字识别，可以快速准确地检测和识别商标，方便进行品牌管理和保护。

⑦ 医疗影像识别：在医疗领域，通过对医学影像进行图像文字识别，可以快速准确地提取出影像中的关键信息，方便医生进行诊断和治疗。

⑧ 公式识别：在教育领域，使用图像文字识别技术可以将手写或印刷的公式转化为可编辑或者可以搜索的文本，方便进行公式编辑和管理。

总之，图像文字识别技术在各个领域都有广泛的应用，可以大大提高工作效率和准确性。随着技术的不断进步和应用需求的不断增长，图像文字识别技术将会得到更广泛的应用和推广。

7.3 实训案例：公司文件管理系统项目

7.3.1 需求分析

一般来说，历史遗留的很多文件是纸质的，或者由于习惯问题，纸质文件仍然在企业的日常运作中扮演着重要的角色。为了更好地管理和利用这些纸质文件，许多企业开始使用人工智能技术进行纸质文件识别。以下是利用百度 API 识别纸质文件需求分析的几个方面。

(1) 文件识别精度需求

百度 API 提供了高精度的 OCR 技术，可以准确识别纸质文件中的文字、数字、符号等信息，并支持多种语言。对于一些复杂的场景，如手写体、艺术字体等，百度 API 也提供了相关的技术进行识别和解析。

(2) 文件类型识别需求

百度 API 能够自动识别纸质文件的类型和格式，包括常见的文档、表格、图片等。这有助于企业快速地将纸质文件转化为数字格式，并进行后续的数据分析和处理。

(3) 隐私保护需求

在识别纸质文件的过程中，企业需要保护客户的隐私和机密信息。百度 API 提供了隐私保护技术，如数据加密和访问控制等，确保客户信息的安全性和保密性。

(4) 数据检索和整理需求

百度 API 支持对识别后的数据进行检索和整理。通过建立数字化索引和目录，企业可以快速地查找和处理数据，提高工作效率和质量。

(5) 自动化和智能化需求

百度 API 支持自动化和智能化功能，如自动化分类、识别和整理等。这有助于企业快速地将纸质文件转化为数字格式，并进行后续的数据分析和处理。

(6) 安全性与可靠性需求

百度 API 提供了完善的安全性和可靠性保障机制，包括数据传输、存储和处理等环节的安全性保障，以及整个系统的可靠性和稳定性。同时，百度 API 还提供了数据备份和恢复机制，以防止意外情况的发生。

总之，利用百度 API 识别纸质文件需求分析需要考虑多个方面，包括文件识别精度、文件类型识别、隐私保护、数据存储和备份、数据检索和整理、自动化和智能化以及安全性与可靠性等。只有全面考虑这些因素并采取相应的措施，才能更好地满足企业的需求和提高工作效率。

7.3.2 项目开发计划书

(1) 项目目标

开发一个基于百度 API 的图片文字识别系统，实现高精度、高效、稳定的图片文字识别功能。提供可扩展的接口，满足不同用户的需求和使用场景。优化用户体验，使用户能够方便、快捷地使用本系统进行图片文字识别。通过本项目的开发和实践，培养一批具备技术实力和创新能力的技术人员。

研究和分析百度 API 图片文字识别技术的原理和应用场景，设计并实现一个基于百度 API 的图片文字识别系统的架构和功能模块，完成系统前端和后端的开发工作，包括 API 接口开发、数据处理等。对系统进行测试和优化，提高系统的识别精度和稳定性。部署和上线本系统，并进行维护和更新。

(2) 需求分析

详见 7.3.1。

(3) 技术方案

使用百度提供的 API 接口，实现图片文字的识别和提取。采用 Python 进行编写，从而提高开发效率，实现相关的数据处理。

(4) 时间计划

本项目的时间计划如下：第一阶段(1～2 个月)：进行需求分析、系统设计以及团队组建等工作。第二阶段(3～4 个月)：进行系统开发和测试工作，包括 API 接口开发、数据处理流程开发、系统测试等。第三阶段(5～6 个月)：进行系统优化和上线工作,包括性能优化、用户体验优化、上线部署等。第四阶段(7～8 个月)：进行系统维护和更新工作,包括定期维护、版本更新等。

(5) 资源需求

本项目需要以下资源。

人力：项目经理、前端开发工程师、后端开发工程师、测试工程师等。

技术：开发工具、测试工具、服务器等。

资金：开发成本、测试成本、服务器成本等。

环境：办公环境、网络环境等。

(6) 风险管理

技术风险：百度 API 接口变化、程序故障等情况。

项目延期风险：由于不可控因素导致项目延期。

成本超出预算风险：由于需求变更等原因导致成本超出预算。

针对以上风险,我们将采取以下措施进行管理：与百度建立紧密的合作关系,及时了解 API 接口的变化并做出相应调整;建立完善的项目管理体系,及时发现和解决项目中的问题,确保项目按时完成;合理规划项目预算,严格控制项目成本,确保项目成本在预算范围内。

(7) 收益预测

本项目的收益预测如下：提高工作效率和用户体验,减少人工处理时间,降低人力成本;提供可扩展的接口,满足不同用户的需求和使用场景,增加用户黏性。

7.3.3 将纸质文件转换为电子图像

首先构建三类物品的数据集：纸质文件、货物单、合同。这三类为最为常见的办公室文件,由于历史原因,很多公司积累了大量的纸质文件,而相应的电子文件可能已经找不到或者没有保存。同时,手写文件等的方便性,导致纸质文件还是大量存在。因此,需要将这些纸质文件内容(如图 7－2 所示)转换为数据,方便进行存储及管理。

目前本公司在库存中有
电脑5个，2022年购买
桌子4个，2012年购买
椅子8个，2012年购买
自行车2个，2020年购买
保存在仓库202房间
钥匙在行政主管手中

收件人：人工智能负责人
地址：人工智能技术研究技术部
邮编：101234

发件人：项目开发负责人
地址：项目开发研究技术部，
邮编：105678

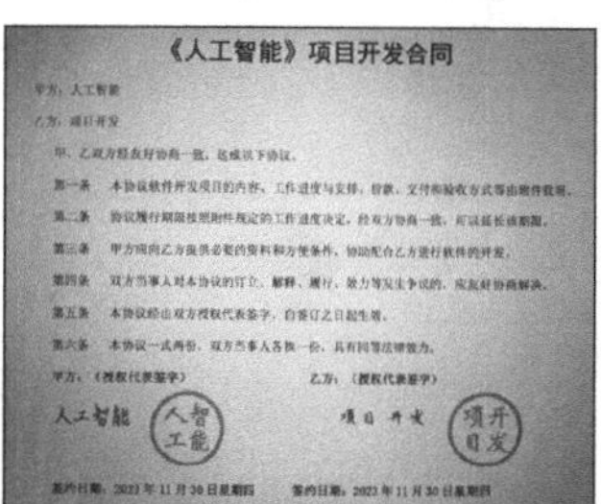

《人工智能》项目开发合同

图 7－2　收集相应纸质文件的图片,为文字识别的开展做准备

构建纸质文件的数字集合,可以采用拍照扫描的方式。以下是步骤。

① 准备工具和材料。需要一台具有高质量摄像功能的手机或相机,一个充足的光源,或者一个用于扫描的机器。

② 打开拍照功能。将手机或相机对准纸质文件,确保文件在镜头中清晰可见。

③ 调整光线。确保光线充足且均匀,以避免阴影和反光。可以使用台灯或室外的自然光。

④ 拍照。点击拍照按钮,或者按下手机或相机的快门键。此时,一些 App 会自动识别文件边缘,并对图片进行修剪,以确保转化后的文档干净整齐。

⑤ 格式转换:拍照扫描 App 通常会提供多种格式选项,例如 PDF、JPEG、PNG 等。可以根据需要选择合适的格式。

⑥ 保存和分享:将扫描后的数字文件保存在手机或电脑中,也可以选择同步到云端进行备份。这样,无论身在何处,只要有网络,都可以随时随地访问这些文件。

此外,如果需要提取文件中的信息进行编辑或搜索,可以使用拍照扫描 App 提供的 OCR 功能。这种功能可以将扫描的图片转换成可编辑的文本,非常方便实用。

构建纸质文件的电子图像集合是一个相对复杂的工程,涉及多个环节和步骤。通过遵循上述指导原则和实践方法,可以有效地将纸质文件转化为电子图像集合,并确保其完整性、准确性和可访问性。

7.3.4 基于 OCR API 提取文字

(1) 以百度 OCR API 为例

如图 7-3 所示,首先注册账号,随后通过输入账号及密码进入。

图 7-3 百度 API 登录界面

如图 7－4 所示，点击控制台，可以进入人工智能 API 相关界面。

图 7－4　控制台

如图 7－5 所示，随后从产品服务选择“文字识别”。

图 7－5　产品服务界面

如图 7－6 所示，百度 API 一般提供免费尝试机会，可以先选择免费尝试。如果免费尝试机会结束，可以选择付费方式，付费方式一般会有按量付费的方式及资源包的形式，小规模应用一般适合按量付费。

图 7－6　图像识别应用建立初始页面

如图 7－7 所示，通过点击“创建应用”可以进入应用创建页面。输入应用名称，并选择需要文字识别的类型，默认为全部选择。

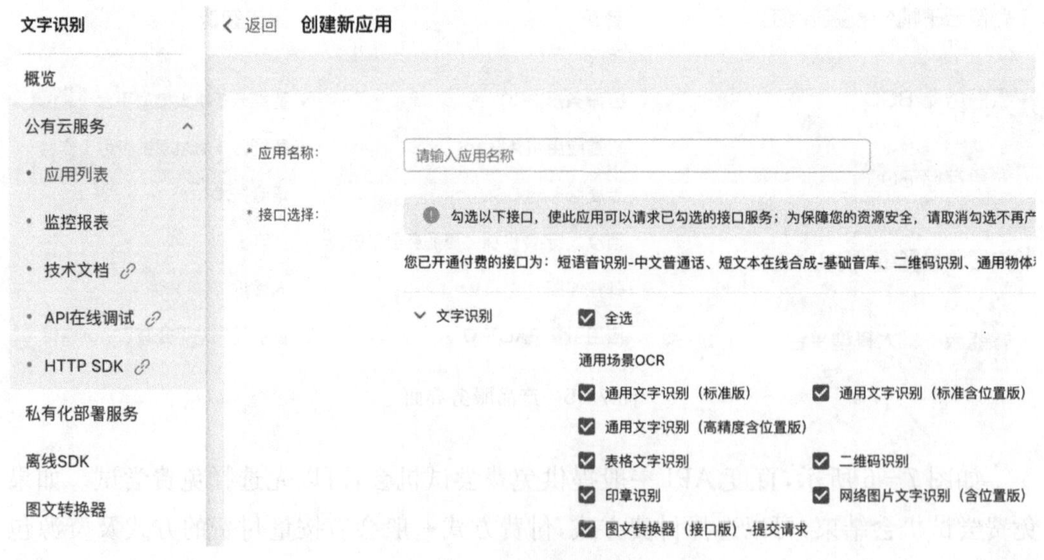

图 7－7　选择识别类型

如图 7－8 所示，可以在应用列表中看到所创建的应用，相关 AppID、API Key、Secret Key 这三个变量十分重要，是调用 API 是否成功的关键信息。

图 7－8　查看应用列表

(2) 程序调用

第一段为第三方模块调用。

```
# 百度 API 文字识别相关模块
from aip import AipOcr
```

如图 7－7 所示，如果无法运行，打开命令窗口，输入 pip install baidu-api，则出现如图 7－9 所示画面。

```
Collecting baidu-api
  Downloading baidu_api-0.0.2-py3-none-any.whl (6.3 kB)
Collecting redis (from baidu-api)
  Obtaining dependency information for redis from https://files.pythonhosted.org
/packages/0b/34/a01250ac1fc9bf9161e07956d2d580413106ce02d5591470130a25c599e3/red
is-5.0.1-py3-none-any.whl.metadata
  Downloading redis-5.0.1-py3-none-any.whl.metadata (8.9 kB)
Requirement already satisfied: requests in ./anaconda3/lib/python3.11/site-packa
ges (from baidu-api) (2.31.0)
Requirement already satisfied: charset-normalizer<4,>=2 in ./anaconda3/lib/pytho
n3.11/site-packages (from requests->baidu-api) (2.0.4)
Requirement already satisfied: idna<4,>=2.5 in ./anaconda3/lib/python3.11/site-p
ackages (from requests->baidu-api) (3.4)
Requirement already satisfied: urllib3<3,>=1.21.1 in ./anaconda3/lib/python3.11/
site-packages (from requests->baidu-api) (1.26.16)
Requirement already satisfied: certifi>=2017.4.17 in ./anaconda3/lib/python3.11/
site-packages (from requests->baidu-api) (2023.7.22)
Downloading redis-5.0.1-py3-none-any.whl (250 kB)
                                         250.3/250.3 kB 41.4 kB/s eta 0:00:00
Installing collected packages: redis, baidu-api
Successfully installed baidu-api-0.0.2 redis-5.0.1
```

图 7－9　安装百度 API 模块

最后一句表示安装成功,重新运行相应代码,即可以运行成功。

第二段为 API 相关信息,可以从图 7-8 所示的应用列表中查看。

```
# 百度 API 所创建的应用相应信息
APP_ID='4405****'
API_KEY='R2QMozsYT*********'
SECRECT_KEY='kAGTG5iPmq3WbuTEz***********'
```

第三段为将 API 相关信息发送到百度 API,从而建立连接过程,连接句柄为 client。

```
client=AipOcr(APP_ID, API_KEY, SECRECT_KEY)
```

第四段为根据文件路径,读取图片文件,从而转换成百度 API 可读入文件,不是所有的文件都是可以直接导入到百度 API,所以需要图片格式转换过程。

```
# 将文件转换成百度 API 可以识别的图片
picfile='图片.jpg'
img=Image.open(picfile)
width, height=img.size
while(width* height>4000000): # 可按照需求调整大小
    # 持续压缩图片,满足百度 API 要求
    width=width//2
    height=height//2
new_img=img.resize((width, height), Image.BILINEAR)
new_img.save(path.join(outdir, os.path.basename(picfile)))
```

将文件发送到百度 API,并得到结果,通过 print 函数打印结果。

```
# 可以输入自己的相应配置
new_img=open(picfile, 'rb')
new_img=i.read()
message=client.basicGeneral(img)
```

图 7-10 为返回结果,可以看到其中显示“自行车”。

文本内容：
目前本公司在库存中有
电脑5个，2022年购买
桌子4个，2012年购买
椅子8个，2012年购买
自行车2个，2020年购买
保存在仓库202房间
钥匙在行政主管手中

图 7－10　返回结果

7.3.5　自动识别文件夹中的图片

程序代码如下。

```
import glob
from os import path
import os
from aip import AipOcr
from PIL import Image

def transform_img(picfile, outdir):
    '''调整图片大小,对于过大的图片进行压缩
    picfile:图片路径
    outdir:图片输出路径
    '''
    img=Image.open(picfile)
    width, height=img.size
    while(width* height>4000000):# 该数值压缩后的图片大约两百多 k
        width=width//2
        height=height//2
    new_img=img.resize((width, height), Image.BILINEAR)
    new_img.save(path.join(outdir, os.path.basename(picfile)))
```

```
def baiduOCR(picfile, outfile):
    filename=path.basename(picfile)
    APP_ID='28682***' # 刚才获取的ID,下同
    API_KEY='DvoK7s6C9KTOocXrqK4A****'
    SECRECT_KEY='W4EWztxaDTYY9sfLORVT5ofKGL2****'
    client=AipOcr(APP_ID, API_KEY, SECRECT_KEY)
    i=open(picfile, 'rb')
    img=i.read()
    print("正在识别图片:\t"+filename)
    message=client.basicGeneral(img)  # 通用文字识别,每天50000次免费
    # message=client.basicAccurate(img)  # 通用文字高精度识别,每天
800次免费
    print("识别成功!")
    i.close();
    with open(outfile,'a+') as fo:
        fo.writelines("+"*60+'\n')
        fo.writelines("识别图片:\t"+filename+"\n"*2)
        fo.writelines("文本内容:\n")
        # 输出文本内容,如果返回值非空,则输出内容到txt文件
        if message.get('words_result')!=None:
            for text in message.get('words_result'):
                fo.writelines(text.get('words')+'\n')
                fo.writelines('\n'*2)
    print("结果保存到输出文件!")
# 主函数部分
if __name__=="__main__":
    # 结果记录在这个文件中
    resultfile='result.txt'
    tempdir='tmp'
    # 如果已存在文件,则删除
    if path.exists(resultfile):
        os.remove(resultfile)
```

```
    # 如果已存在目录,则删除
    if not path.exists(tempdir):
        os.mkdir(tempdir)
    print("压缩过大的图片...")
    # 首先对过大的图片进行压缩,以提高识别速度,将压缩的图片保存于临时文件夹中
    for picture in glob.glob("picture/*" ):
        transform_img(picture, tempdir)
    print("图片识别...")
    for picture in glob.glob("tmp/*" ):
        baiduOCR(picture, tempfile)
        os.remove(picture)
    print('结果保存到 %s 文件中。' % resultfile)
    os.removedirs(tempdir)
```

代码解释

(1) while 语句

Python 中的 while 语句用于重复执行一段代码,只要给定的条件为真。其基本语法如下:

```
while < 条件> :
# 重复执行的代码块
```

例如,下面的代码将一直询问用户输入,直到用户输入了"quit":

```
user_input=input("请输入一个值(如果退出,请输入 quit 退出):")
while user_input !='quit':
    print(f"您输入的内容为:{user_input}" )
user_input=input("请重新输入一个值(如果退出,请输入 quit 退出):")
```

在上述代码中,只要用户输入的值不等于 quit,程序就会输出用户输入的值并要求用户重新输入。一旦用户输入了 quit,循环将结束。

(2) writelines()语句

writelines()是 Python 中文件对象的内置方法之一,用于将一个字符串列表写入

文件。writelines()方法接受一个字符串列表作为参数,并将每个字符串写入文件。每个字符串都将在文件中占据一行。下面是一个简单的示例,演示如何使用writelines()方法将字符串列表写入文件:

```
lines=['Hello, world!', '这是测试语句.', 'Goodbye, world!']
with open('output.txt', 'w') as file:
    file.writelines(lines)
```

在上面的示例中,我们首先定义了一个字符串列表 lines,其中包含三个字符串。然后,我们使用 with 语句打开一个名为 output. txt 的文件,并将文件对象分配给变量 file。最后,我们调用 file. writelines(lines)将字符串列表写入文件。这将把每个字符串作为单独的一行写入文件。需要注意的是,writelines()方法不会在每个字符串后自动添加换行符。因此,如果需要在每个字符串后添加换行符,可以使用 write()方法来手动添加。例如:

```
lines=['你好!', '这是测试语句.']
with open('result.txt', 'w') as file:
    for line in lines:
        file.write(line+'\n')
```

在上面的示例中,我们使用 for 循环遍历字符串列表,并使用 write()方法将每个字符串写入文件,并在每个字符串后添加一个换行符。

练习题

1. 以下不是文件管理系统功能的是 ( )

A. 存储 B. 管理

C. 检索 D. 提炼

2. OCR 是指 ( )

A. 开发系统控件 B. 光学技术识别字符

C. 开放化方法 D. 光敏系统

3. 图像识别技术应用于 ( )

A. 纸质文件识别 B. 电子文件识别

C. 网络信息传输 D. 网络信息编码

4. 以下对于百度 API 描述不正确的是　　　　（　　）

A. 提供免费尝试机会　　B. 可以注册使用

C. 测试版本　　D. 可以付费使用

5. 以下不属于 API 相关信息的是　　　　（　　）

A. AppID　　B. API Key

C. Secret Key　　D. GUI key

第 8 章

公司业务数据管理系统开发

学习目标

知识目标

- 了解公司业务数据的概念
- 了解为什么需要处理公司业务数据

能力目标

- 能够搭建简单的用户友好界面
- 能够采用多种方式展示数据
- 能够应用 Python 存储数据
- 能够采用简单的时间序列进行预测

素质目标

- 培养学生的发现问题、解决问题的能力
- 培养学生的数据思维
- 培养学生的系统建设能力、工具运用能力

8.1 背景知识

公司数据管理系统是一个对组织内部数据进行全面管理的系统，它涉及数据的收集、存储、处理、分析、报告等多个方面。如图 8－1 所示，公司数据管理系统可以协助企业更有效地管理和利用公司的数据资源，从而提高工作效率和决策能力。

图 8－1　良好的业务数据管理能提高公司工作效率

以下是公司数据管理系统的几个主要组成部分：

① 数据收集：可以从不同的方向收集数据，例如公司内部业务系统、外部数据库、社交媒体等。

② 数据存储：收集到的数据需要安全、可靠地存储起来，以便后续的处理和分析。数据存储方案可以采用数据库、数据仓库等。

③ 数据处理：可以对收集到的数据进行清洗、整合、转换等处理，以便提取有价值的信息。

④ 数据分析：该系统可以对处理后的数据进行深入的分析，例如数据挖掘、统计分析等，从而发现数据的潜在价值和规律。

⑤ 数据报告：分析结果可以通过报告的形式呈现给管理者和决策者，从而帮助他们做出更明智的决策。

⑥ 权限管理:权限管理可以对不同用户设定不同的访问权限,以保证各类数据资源的安全性和用户密码等信息的保密性。

⑦ 监控和日志:该系统应该具备监控和日志功能,以便及时发现和处理系统内的异常情况。

⑧ 文档和知识管理:该系统还应该具备文档和知识管理功能,以便保存和查找公司的知识资源。

⑨ 集成和扩展性:该系统应该具备良好的集成和扩展性,以便与公司的其他系统进行集成和扩展。

总的来说,公司数据管理系统是一个复杂的系统,需要从多个方面进行考虑和设计。它的主要目标是帮助企业更好地管理和利用公司的数据资源,从而提升企业的决策能力和竞争力。

现阶段某公司需要建立业务数据管理系统,希望开发一套数据收集、处理、存储、展示系统,从而方便相应的业务开展。因此,委托你所在软件开发公司开发相关系统。

你作为软件开发公司的技术员工,需要开发一套基于 Python 的公司业务管理系统。具体实施需求包括:

① 有良好的用户界面。

② 有用户管理。

③ 有数据存储。

④ 有数据处理:嵌入简单的时间序列预测。

⑤ 有数据展示。

8.2 理论支撑

公司数据管理系统可以通过以下几个方面来提高公司的决策能力。

① 提供全面的数据信息:公司数据管理系统可以收集、存储和处理来自公司内部和外部的各种数据,包括财务数据、销售数据、市场数据等等,从而提供全面的数据信息,帮助公司做出更明智的决策。

② 实时数据分析:通过实时数据分析,公司可以及时获取业务运营情况,以便快速调整和优化业务流程。例如,如果公司发现某个产品的销售额下降,可以通过数据分析找出原因,并采取相应的措施提高销售额。

③ 预测和规划:公司数据管理系统可以帮助公司进行预测和规划,例如通过数据

挖掘和分析，可以预测市场趋势和客户需求，以便公司提前做好规划和准备。

④ 决策支持：公司数据管理系统可以为决策者提供数据支持，例如通过数据可视化、报表和分析工具，将数据呈现给决策者，帮助他们做出更明智的决策。

⑤ 风险管理：公司数据管理系统可以帮助公司进行风险管理，例如通过数据分析识别潜在的商业风险和财务风险，以便公司采取相应的措施进行防范和管理。

⑥ 优化业务流程：通过数据分析，公司可以优化业务流程，提高效率和质量。例如，通过数据分析可以找出哪些流程是低效的或者不必要的，从而进行优化或者消除。

⑦ 提高客户满意度：通过数据分析，公司可以了解客户需求和反馈，以便提供更好的产品和服务，提高客户满意度。

总的来说，公司数据管理系统可以通过提供全面的数据信息、实时数据分析、预测和规划、决策支持、风险管理、优化业务流程和提高客户满意度等方面来提高公司的决策能力。

公司数据管理系统的数据来源可以包括以下几个方面。

① 公司内部的业务系统：这是最直接的数据来源，包括各种业务数据、财务数据、人力资源数据等等。

② 外部数据库：公司可以从外部数据库购买数据，这些数据可能包括市场研究报告、行业统计数据等等。

③ 社交媒体：社交媒体是获取市场信息和竞争对手情报的重要来源，公司可以通过爬虫工具等在网络上抓取数据。

④ 政府和机构公开的数据：政府和机构，如国家统计局、中国统计学会、中国投入产出学会等公开的行业数据也是公司数据管理系统的数据来源之一。

⑤ 合作伙伴和供应商：公司可以通过合作伙伴和供应商获取数据，这些数据可能包括供应链数据、销售数据等等。

⑥ 用户数据：在互联网时代，公司可以通过用户数据了解用户需求和行为，从而优化产品和服务。

⑦ 内部员工数据：公司可以通过员工数据了解员工的工作表现、技能和经验等信息，从而更好地管理和培训员工。

总的来说，公司数据管理系统的数据来源非常广泛，公司可以根据自身的需求和实际情况选择合适的数据来源。公司的各个部门都可以从数据管理中受益，但不同部门受益的方式和程度可能会有所不同。以下是一些部门可以从数据管理中受益的例子。

① 销售部门：通过数据分析，销售部门可以了解客户的需求和反馈，以便提供更

好的产品和服务，提高客户满意度。同时，数据分析还可以帮助销售部门预测市场趋势和客户需求，以便提前做好规划和准备。

② 市场部门：通过数据分析，市场部门可以了解市场趋势和竞争对手情况，以便制定更有效的营销策略和竞争策略。同时，数据分析还可以帮助市场部门识别潜在的商业机会和风险，以便采取相应的措施进行防范和管理。

③ 财务部门：通过数据分析，财务部门可以了解公司的财务状况和经营成果，以便进行准确的财务分析和决策。同时，数据分析还可以帮助财务部门预测未来的财务状况和经营成果，以便提前做好规划和准备。

④ 产品部门：通过数据分析，产品部门可以了解产品的销售情况和用户反馈，以便优化产品设计和服务质量。同时，数据分析还可以帮助产品部门预测未来的市场趋势和用户需求，以便提前做好规划和准备。

⑤ 运营部门：通过数据分析，运营部门可以了解公司的运营效率和成本控制情况，以便优化业务流程和提高效率。同时，数据分析还可以帮助运营部门预测未来的运营情况和成本控制情况，以便提前做好规划和准备。

总的来说，数据管理可以帮助公司各个部门提高工作效率、降低成本、优化业务流程和提高决策质量，从而为公司带来更多的商业价值。

8.2.1 基于 Python GUI 的用户友好界面设计

Python 具有多种库和工具，可用于创建图形用户界面（graphical user interface，GUI，又称图形用户接口，是指采用图形方式显示的计算机操作用户界面）。以下是一些流行的 Python GUI 库。

（1）Tkinter

Tkinter 是 Python 的标准 GUI 库。Python 与 Tkinter 打包在一起，提供了创建基本 GUI 的功能。Tkinter 是 Python 的标准图形用户界面工具包。它是 Tk 的 Python 接口，Tk 是一个用于创建 GUI 应用程序的跨平台工具包。Tkinter 提供了一套丰富的组件和工具，使开发人员能够创建各种 GUI 应用程序。

以下是使用 Tkinter 创建一个简单的 GUI 应用程序的示例。

```
# 导入第三方库
import tkinter as tk
# 创建主窗口
root=tk.Tk()
```

```
# 设置窗口标题
root.title("这是标签!")
# 设置窗口大小
root.geometry("300×300")
# 添加一个按钮组件
button= tk. Button ( root, text =" 请点击!", command = lambda: label. config
(text=" 点击成功!"))
button.pack()
# 添加一个标签组件
label=tk.Label(root,text=" 这是内容!")
label.pack()
# 运行窗口
root.mainloop()
```

在上面的示例中，我们首先导入了 Tkinter 模块。然后，我们创建了一个主窗口，设置了窗口的标题和大小。接下来，我们添加了一个标签组件和一个按钮组件。当按钮被点击时，标签的文本将更新为"点击成功!"。最后，我们通过调用 mainloop() 方法来启动事件循环，使应用程序保持运行状态并响应用户交互。如图 8－2 所示，如果运行成功，则出现下面窗口。

图 8－2　代码运行成功，出现窗口

如图 8－3 所示，当点击按钮之后，则出现下面窗口。

图 8－3　点击按钮成功之后，窗口改变

（2）PyQt

PyQt 是 Python 对 Qt 库的绑定，可以用于创建复杂的跨平台 GUI。PyQt 是一个用于创建 GUI 应用程序的 Python 库，它是基于 Qt 库的。Qt 是一个跨平台的库，用于开发 GUI 应用程序，而 PyQt 是其 Python 绑定。使用 PyQt，可以利用 Qt 的丰富功能和组件来创建具有吸引力和功能强大的 GUI 应用程序。PyQt 支持创建桌面应用程序、移动应用程序和嵌入式应用程序等。

要开始使用 PyQt，需要安装 PyQt 库。可以使用 pip 安装 PyQt，例如：

```
pip install pyqt5
```

以下是一个简单的示例，展示如何使用 PyQt 创建一个 GUI 应用程序：

```
import sys
from PyQt5.QtWidgets import QApplication, QWidget, QLabel, QPushButton
class MyApp(QWidget):
    def __init__(self):
        super().__init__()
        self.initUI()
    def initUI(self):
        self.setWindowTitle('设置标签')
        self.setGeometry(300, 300, 300, 300)
```

```
        label=QLabel('设置标语!', self)
        label.move(130, 90)
        button=QPushButton('请点击!', self)
        button.clicked.connect(self.on_click)
        button.move(130, 120)
        self.show()
    def on_click(self):
        label=self.findChild(QLabel)
        label.setText('点击成功!')
if __name__== '__main__':
    appsuccess=QApplication(sys.argv)
    execute=MyApp()
    sys.exit(appsuccess.exec_())
```

在上面的示例中，我们创建了一个简单的 GUI 应用程序，其中包含一个标签和一个按钮。当按钮被点击时，标签的文本将更新为"点击成功!"。这个示例使用了 QApplication、QWidget、QLabel 和 QPushButton 等 PyQt 的核心组件。如图 8－4 所示，如果运行成功，则出现下面窗口。

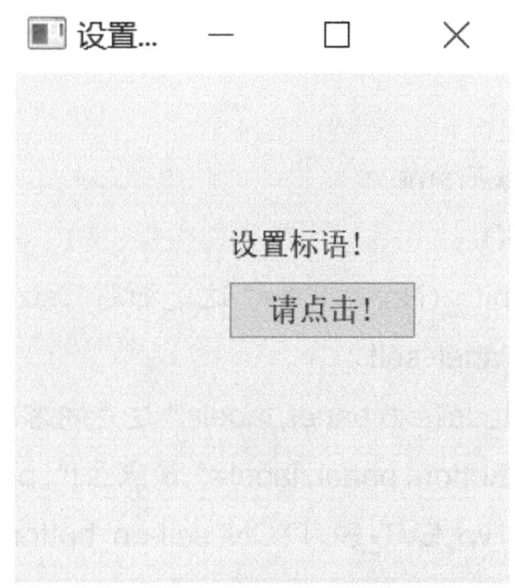

图 8－4　代码运行成功，出现窗口

如图 8－5 所示，当点击按钮之后，则出现下面窗口。

图 8-5　点击按钮成功之后，窗口改变

（3）wxPython

wxPython 是 Python 对 wxWidgets 的绑定，可以用于创建跨平台的 GUI。wxPython 是一个用于创建 GUI 应用程序的 Python 库，它基于跨平台的 GUI 工具包 wxWidgets。wxPython 提供了丰富的组件和工具，使开发人员能够创建各种 GUI 应用程序。要开始使用 wxPython，需要安装 wxPython 库。可以使用 pip 安装 wxPython，例如：

```
pip install wxPython
```

以下是一个简单的示例，展示如何使用 wxPython 创建一个 GUI 应用程序：

```
import wx
class NewFrame(wx.Frame):
    def __init__(self):
        super().__init__(None, title="这是标题", size=(400, 200))
        panel=wx.Panel(self)
        label=wx.StaticText(panel, label="这是内容!", pos=(120, 40))
        button=wx.Button(panel, label="请点击!", pos=(150, 120))
        button.Bind(wx.EVT_BUTTON, self.on_button_click)
    def on_button_click(self, event):
        wx. MessageBox ( "点击成功!", "状态", wx. OK | wx. ICON _
INFORMATION)
if __name__ == '__main__':
```

```
appsuccess=wx.App()
frame=NewFrame()
frame.Show()
appsuccess.MainLoop()
```

在上面的示例中，我们创建了一个简单的 GUI 应用程序，其中包含一个标签和一个按钮。当按钮被点击时，标签的文本将更新为"点击成功！"。这个示例使用了 wx. Frame、wx. Panel、wx. StaticText 和 wx. Button 等 wxPython 的核心组件。如图 8－6 所示，如果运行成功，则出现下面窗口。

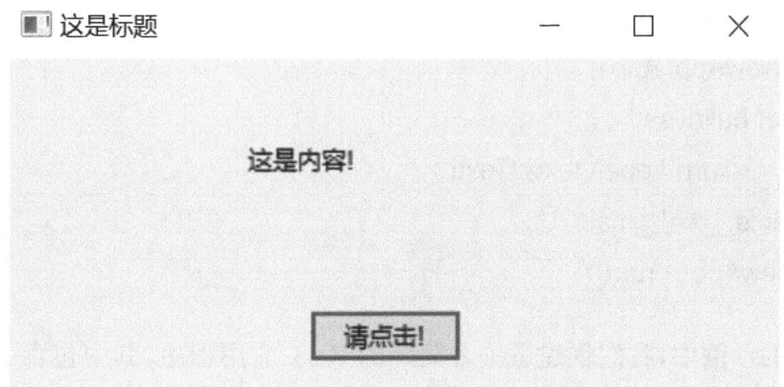

图 8－6　代码运行成功，出现窗口

如图 8－7 所示，当点击按钮之后，则出现下面窗口。

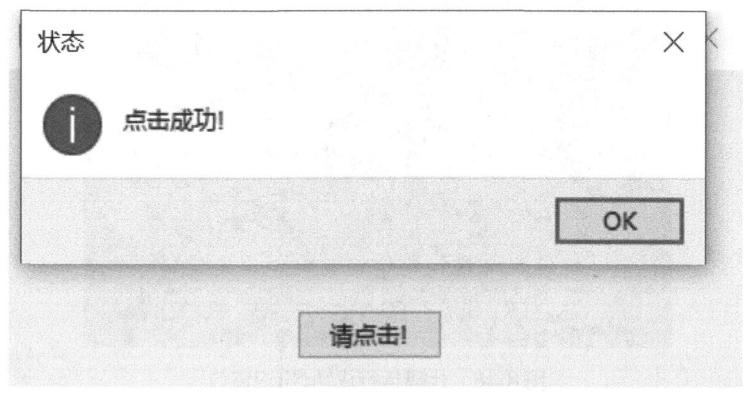

图 8－7　点击按钮成功之后，弹出窗口

（4）Kivy

Kivy 是一个用于创建多触点应用的库。它提供了一种简单的方式来创建跨平台应用程序(Windows、Linux 和 Mac OS X),并且支持 Android 和 iOS 等移动平台。Kivy 的主要特点是其事件驱动的架构,该架构让人可以轻松地创建复杂的多触摸应用程序。它还支持多种输入设备,包括鼠标、键盘和触摸屏。使用 Kivy,可以创建各种应用程序,如音乐播放器、绘图应用程序、多触摸游戏等。要开始使用 Kivy,需要安装 Kivy 库。可以使用 pip 安装 Kivy,例如:

```
pip install kivy
```

以下是一个简单的示例,展示如何使用 Kivy 创建一个基本的 GUI 应用程序:

```
from kivy.app import App
from kivy.uix.label import Label
class NewApp(App):
    def build(self):
        return Label(text='Text!')
if __name__=='__main__':
    NewApp().run()
```

在上面的示例中,我们创建了一个简单的 Kivy 应用程序,其中包含一个标签,显示文本 Hello, Kivy!。要运行此应用程序,需要使用 Kivy 的运行工具或 IDE(如 PyCharm)。如图 8-8 所示,如果运行成功,则出现下面窗口。

图 8-8　代码运行成功,出现窗口

8.2.2　基于 Python SQLite 的后端数据库设计

设计数据库的第一步是确定数据库的需求和目标,需要收集关于数据存储、检索和管理的需求，并确定数据库应满足的特定标准。一旦完成了这些步骤，就可以开始设计数据库模式。

下面是一个简单的例子，说明了如何使用 Python 创建 SQLite 数据库，并定义表格。SQLite 是一个轻量级的数据库，非常适合于小型项目或原型设计。

```
import sqlite3
def build_connection():
    connection=sqlite3.connect('test.db')  # 创建数据库连接
    return connection
def build_table(connection):
    connection.execute('''CREATE TABLE worker(
                          id integer PRIMARY KEY,
                          name text NOT NULL,
                          salary real);''')  # 创建表格
    connection.commit()
if __name__=='__main__':
    connection=build_connection()
    build_table(connection)
    connection.close()
```

这个例子中，我们首先创建了一个到 SQLite 数据库'test. db'的连接。然后，我们创建了一个表'worker'，它有三个字段：'id'（主键）、'name'和'salary'。之后，我们关闭了连接。如果需要进行更复杂的数据库设计，如使用关系型数据库（如 MySQL、PostgreSQL 等），可以使用 Python 的 ORM（对象关系映射）库，如 SQLAlchemy。SQLAlchemy 提供了一种高级的、面向对象的接口，可以方便地操作数据库。

8.3 实训案例：公司业务数据管理系统项目

8.3.1 需求分析

（1）项目目标

公司业务数据管理系统是一个用于管理和优化公司业务数据的系统。该系统的主要目标是确保数据的准确性、可访问性和追踪性，以支持公司的日常运营和决策制定。系统将涵盖数据的收集、存储、处理、分析和报告等多个方面。

(2) 业务需求

① 数据的收集和处理:系统需要能够从各种来源收集数据,并对其进行处理和清洗,以确保数据的准确性和一致性。

② 数据存储和访问性:系统需要能够安全地存储数据,并确保数据在需要时可以轻松地访问。

③ 数据分析和报告:系统需要提供强大的数据分析功能,以便用户可以实时了解公司的业务状况,并生成报告。

④ 数据管理和监控:系统需要提供数据管理和监控工具,以便管理员可以控制数据的访问和修改,并能够追踪数据的变更历史。

(3) 数据模型

数据模型是公司业务数据管理系统的核心。该模型将定义系统的数据结构和关系,以确保数据的准确性和一致性。数据模型将包括以下部分。

① 数据实体:定义系统的基本数据实体,如客户、订单、产品等。

② 数据关系:定义数据实体之间的关系,如订单与客户和产品之间的关系。

③ 数据属性:定义数据实体的属性,如客户的姓名和地址、产品的价格和数量。

(4) 功能需求

① 数据导入导出:系统需要提供数据导入和导出功能,以支持数据的迁移和共享。

② 数据查询和分析:系统需要提供强大的数据查询和分析功能,以便用户可以实时了解公司的业务状况。

③ 数据报表生成:系统需要提供自动报表生成功能,以便用户可以根据需要生成各种报表。

④ 数据监控和警告:系统需要提供数据监控和警告功能,以便管理员可以实时了解数据的状态和异常情况。

(5) 技术需求

数据库技术:使用关系型数据库(如 MySQL)或非关系型数据库(如 MongoDB)来存储和管理数据。

编程语言:使用 Python 等编程语言来开发系统。

框架:使用 sqlite3 等框架来构建系统。

(6) 安全需求

数据隐私保护:确保数据的隐私和保密性,避免未经授权的访问和泄露。

身份验证和授权:实现身份验证和授权机制,以确保只有经过授权的用户可以访问系统。

防止恶意攻击:采取安全措施来防止系统受到恶意攻击,如输入验证、防止 SQL 注入等。

(7) 接口需求

公司业务数据管理系统需要与其他系统进行集成,以确保数据的共享和交换。接口需求包括以下两种。

与现有系统的集成:与现有财务等系统进行集成,实现数据的共享和交换。

与第三方所提供的服务的集成:与第三方服务(如邮件服务器、云存储服务等)进行集成,以实现数据的自动化处理和备份。

(8) 用户需求

用户界面友好:提供易于使用的用户界面,以便用户可以轻松地操作和导航系统。

响应速度快:确保系统的响应速度足够快,以避免用户等待时间过长。

支持移动设备:提供移动设备支持,以便用户可以通过手机或平板电脑访问系统。

8.3.2　项目开发计划书

(1) 项目背景与目标

本项目旨在开发一个企业业务数据管理系统,以实现对公司业务数据的全面管理和优化。该系统将帮助企业收集、处理、存储和分析业务数据,以提高数据的准确性和访问性,并支持决策制定和业务运营。

本项目的目标包括以下几点。

① 开发一个易于使用和灵活扩展的企业业务数据管理系统。

② 实现数据的自动化收集和处理,提高数据质量和一致性。

③ 提供数据分析和报告功能,以便用户能够实时了解公司业务状况。

④ 确保数据的安全性和隐私保护,避免未经授权的访问和泄露。

⑤ 与现有系统进行集成,实现数据的共享和交换。

(2) 需求分析

详见 8.3.1。

(3) 项目进度

第 1～2 个月:进行需求分析和系统设计。

第 3～4 个月:进行开发和测试。

第 5～6 个月:进行系统部署和集成测试。

第 7～8 个月：进行用户培训和系统上线。

第 9～12 个月：进行系统维护和优化。

(4) 项目预算

本项目的预算为人民币 500 万元，其中包括以下费用：

① 人员工资。

② 硬件设备费用。

③ 软件许可费用。

④ 培训和出差费用。

⑤ 其他相关费用。

(5) 团队组成与分工

本项目的团队将包括以下角色：

项目经理：负责项目管理、协调和沟通。

技术负责人：负责技术方案设计和开发指导。

开发人员：负责系统开发和测试。

数据分析师：负责数据收集、处理和分析。

UI 设计师：负责用户界面设计。

运维工程师：负责系统部署和运维。

(6) 风险管理计划

在项目过程中，将会遇到多种预料之外的问题，比如技术难点、需求变更等。为了有效应对这些风险，将实施以下风险管理计划：首先，将在每周的项目例会中讨论项目中遇到的风险和问题，及时发现并解决风险。其次，将预留一定的预算和时间以应对可能出现的项目延误或需求变更。最后，将建立有效的风险应对机制，一旦发生风险，能够迅速采取行动以减少其对项目的影响。

(7) 沟通与协作计划

为了确保项目团队成员之间的高效沟通和协作，将实施以下沟通与协作计划：首先，将定期举行项目例会，讨论项目的进度、遇到的问题以及下一步的工作计划。其次，将使用企业级协作工具(如钉钉等)进行日常沟通和文件共享。最后，将定期进行团队建设活动，提升团队凝聚力和工作效率。

(8) 变更管理计划

在项目执行过程中，可能会因各种原因需要对项目范围、进度或预算进行变更。为了应对这种情况，将实施以下变更管理计划：首先，将建立变更申请流程，任何变更都需要经过相关人员审批。其次，将对变更进行评估，以确保其不会对项目的其他部分产生负面影响。最后，及时调整项目计划以适应变更。

（9）交付成果与验收标准

在本项目结束时，将向客户交付成果：企业业务数据管理系统及其相关文档。

验收标准：系统能够正常运行；数据处理速度达到预期要求；用户界面友好且易用；系统安全性满足要求；所有功能均已实现，并能够正常运行；系统文档齐全并符合要求。

（10）相关文档与附件

在本项目结束后，将提供以下文档。

项目管理文档，包括项目计划、项目合同、质量管理计划等。

技术文档，包括系统架构设计文档、系统使用手册等。

测试文档，包括测试计划、测试报告等。

其他相关文档。

8.3.3　窗口设计及实现

下面是一个使用 Python Tkinter 库设计用户登录界面的示例代码：

```
import tkinter as tk
from tkinter import messagebox

def login_page():
    username=enter_username.get()
    password=enter_password.get()

    if username==" a "and password=="1":
        messagebox.showinfo("提示信息","登录成功!")
    else:
        messagebox.showerror("错误提示","用户名或密码错误,请重试!")

window=tk.Tk()
window.title("用户登录界面")
window.geometry("300×300")

text_username=tk.Label(window,text="用户名:")
text_username.pack()
```

```
enter_username=tk.Entry(window)
enter_username.pack()

text_password=tk.Label(window, text="密码:")
text_password.pack()

enter_password=tk.Entry(window, show="*" )
enter_password.pack()

button_login=tk.Button(window, text="登录", command=login_page)
button_login.pack()
window.mainloop()
```

在这个示例代码中，使用了 Tkinter 库来创建一个窗口，并在窗口中添加了用户名、密码和登录按钮的输入框。如图 8－9 所示，当用户点击登录按钮时，login_page 函数会被调用，它会获取输入框中的用户名和密码，并与预设的用户名和密码进行比较。如图 8－10 所示，如果用户名和密码正确，则会弹出一个提示框提示用户登录成功；否则，如图 8－11 所示会弹出一个错误框提示用户名或密码错误。

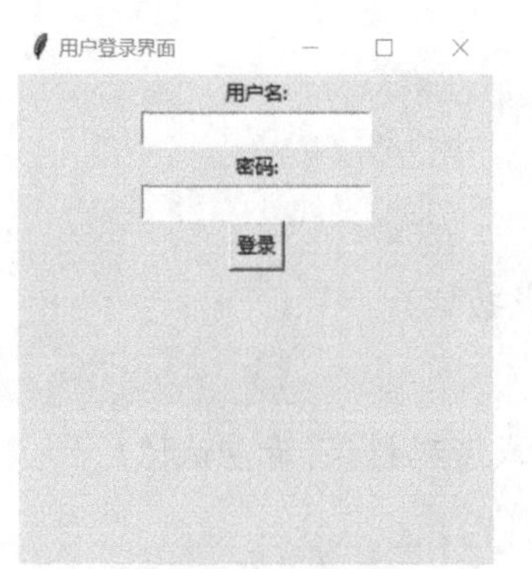

图 8－9　代码运行成功，出现窗口

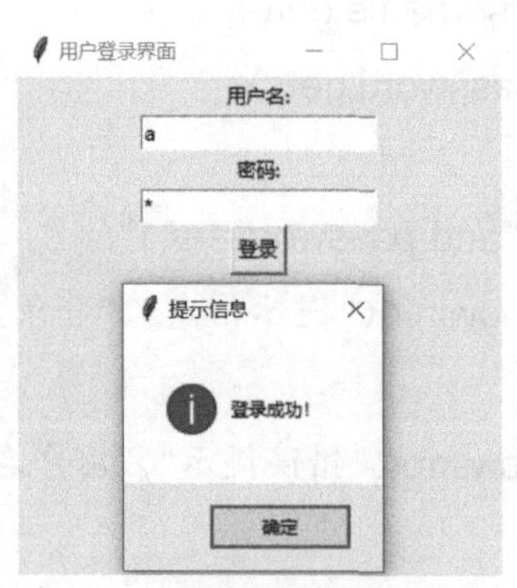

图 8－10　如果用户名或者密码输入正确，出现登录成功提示窗口

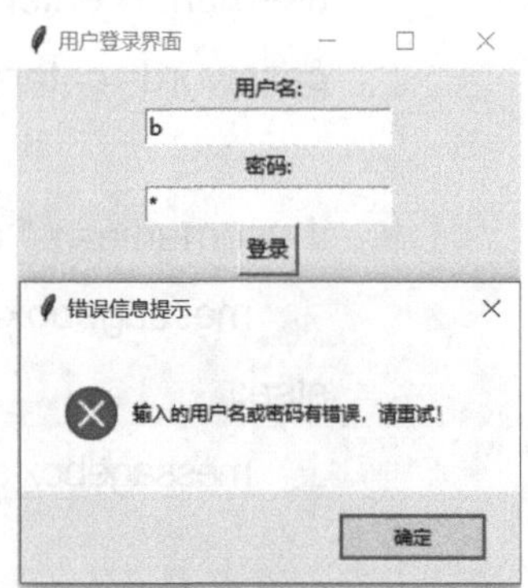

图 8－11　如果用户名或者密码输入错误，出现错误提示窗口

8.3.4　数据库设计及实现

如果你想使用 Python 来读取数据库并创建一个用户界面，你可以使用各种图形

用户界面(GUI)库，如 Tkinter、PyQt、wxPython 等。这里将展示一个简单的例子，使用 Tkinter 作为 GUI 库，并配合 sqlite3 来读取数据库。

首先，假设我们有一个 SQLite 数据库和一些数据存储在其中。下面是如何创建一个数据库，插入一些数据，并查询这些数据的简单示例：

```
import sqlite3
from tkinter import*
from tkinter import messagebox

# 创建数据库连接
conn=sqlite3.connect('test_database.db')
# 首先，需要创建 cursor 对象
cursor=conn.cursor()
# 创建表
cursor.execute('''CREATE TABLE workers
               (id INTEGER PRIMARY KEY,
               name TEXT,
               workerid INTEGER)''')

# 插入数据
cursor.execute("INSERT INTO workers (name, workerid) VALUES (?,?)",
("大红",2018))
cursor.execute("INSERT INTO workers (name, workerid) VALUES (?,?)",
("大紫",2022))

# 提交更改
conn.commit()

# 查询数据所有数据
cursor.execute("SELECT* FROM workers ")
values=cursor.fetchall()
for row in values:
```

```
    print(row)
# 关闭数据库连接
conn.close()
```

如果运行成功,在 console 窗口出现如图 8 - 12 所示的信息。

```
Lenovo/.spyder-py3')
(1, '大红', 2018)
(2, '大紫', 2022)

In [2]:
```

图 8 - 12　数据库建立成功

现在,将在 Tkinter 窗口中显示这些数据。为此,需要创建一个 Tkinter 窗口,并在其中添加一个文本框以显示数据:

```
import sqlite3
from tkinter import*
from tkinter import messagebox

def read_database():
    conn=sqlite3.connect('test_database.db')
    cursor=conn.cursor()
    cursor.execute("SELECT*FROM workers ")
    values=cursor.fetchall()
    for row in values:
        text_box.insert(END,str(row)+"\n")  # 在文本框中输入查询结果
    conn.close()

# 创建 Tkinter 窗口
window=Tk()
window.title("从数据库中读取数据")
window.geometry("400×400")
```

```
# 创建文本框以显示数据
text_box=Text(window)
text_box.pack()

# 创建按钮,点击时调用 read_db 函数
button=Button(window,text="开始读取数据",command=read_database)
button.pack()
window.mainloop()
```

如图 8－13 所示，如果运行成功，将显示窗口。如图 8－14 所示，当你点击“读取数据”按钮时，read_database 函数将被调用，它将连接到数据库，执行查询，并在文本框中显示查询结果。这就是一个基本的 Python GUI，它使用 Tkinter 和 sqlite3 来读取数据库。

从数据库中读取数据

开始读取数据

图 8－13　运行成功之后显示窗口

从数据库中读取数据

(1, '大红', 2018)
(2, '大紫', 2022)

开始读取数据

图 8－14　点击按钮之后，从数据库读取数据，显示在窗口上

8.3.5　嵌入图表化展示

Python 的 Tkinter 库主要用于创建图形用户界面(GUI)，而不是创建图表。如果你想在 Python 中创建图表，你可能需要使用其他库，如 matplotlib 等。然后你可以将创建的图表嵌入到 Tkinter 的窗口中。

以下是一个简单的例子，使用 matplotlib 和 Tkinter 来创建一个柱状图。首先确保你已经安装了这两个库，如果没有，可以使用 pip 进行安装：

```
pip install matplotlib tk
```

然后，你可以使用以下代码来创建一个简单的柱状图。

```
import matplotlib.pyplot as plt
from matplotlib.backends.backend_tkagg import FigureCanvasTkAgg
from tkinter import Tk, Frame

def show_figure():
    # 创建柱状图数据
    x= ['A', 'B', 'C', 'D']
    y= [1, 2, 3, 4]

    # 创建柱状图
    fig, ax= plt.subplots()
    ax.bar(x, y)
    return fig

def gui_chart():
    # 创建 Tkinter 窗口和容器
    root= Tk()
    frame= Frame(root, width= 600, height= 400)
    frame.pack()

    # 创建 matplotlib 图表
    fig= show_figure()

    # 在 Tkinter 容器中嵌入 matplotlib 图表
    canvas= FigureCanvasTkAgg(fig, master= frame)
    canvas.draw()
```

```
    canvas.get_tk_widget().pack(side='top', fill='both', expand=1)

    # 启动 Tkinter 事件循环
    root.mainloop()

gui_chart()
```

这段代码首先导入了必要的库，定义了一个创建柱状图的函数 show_figure，然后定义了一个创建 GUI 和图表的函数 gui_chart。最后调用 gui_chart 函数启动 GUI 应用程序，如图 8－15 所示，显示创建的柱状图。

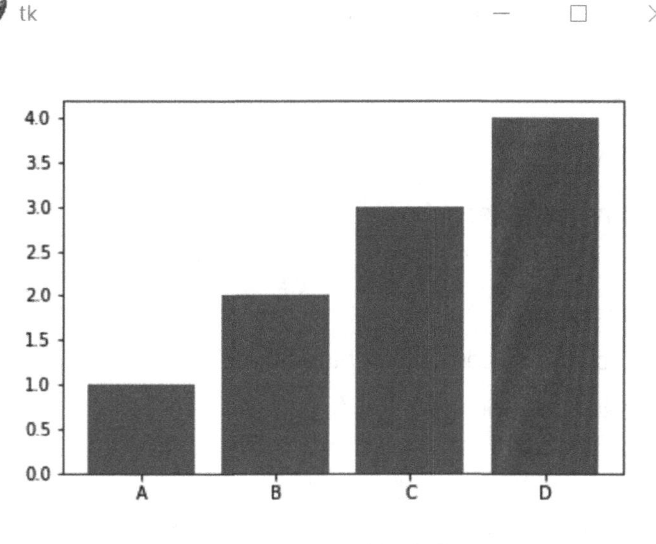

图 8－15　在 GUI 界面中显示柱状图

8.3.6　嵌入时间序列预测算法

下面展示简单的数据预测算法，原理是通过找到历史上相似的区间，根据历史上之后的增长率，从而预测未来的增长率。

```
# 找到与 7,8,比较接近的区段
a=[1,2,3,2,3,4,4,5,6,2,3,7,8]
zengzhang=8/7
print(zengzhang)
```

```
minvalue=100000
index=0
for i in range(len(a)-2):
    value=abs(a[i+1]/a[i]-zengzhang)
    if minvalue>value:
        minvalue=value
        index=i
print('相似区间为',a[index],a[index+1])
# 从相似区间之后出现的增长率,可以作为预测 8 之后出现的值的依据
print('预测值',8*a[index+2]/a[index+1])
```

建立公司数据库,将数据导入到数据库中,代码如下。

```
import sqlite3
from tkinter import*
from tkinter import messagebox

# 创建数据库连接
conn=sqlite3.connect('company_database.db')
# 首先,需要创建 cursor 对象
cursor=conn.cursor()
# 创建表
cursor.execute('''CREATE TABLE sales
               (id INTEGER PRIMARY KEY,
               date STRING,
               sales FLOAT)''')

# 插入数据
cursor.execute("INSERT INTO sales (date, sales) VALUES (?,?)",("1 月",
120))
cursor.execute("INSERT INTO sales (date, sales) VALUES (?,?)",("2 月",
109))
```

```
cursor.execute("INSERT INTO sales (date, sales) VALUES (?,?)",("3 月",
130))
cursor.execute("INSERT INTO sales (date, sales) VALUES (?,?)",("4 月",
131))
cursor.execute("INSERT INTO sales (date, sales) VALUES (?,?)",("5 月",
90))
cursor.execute("INSERT INTO sales (date, sales) VALUES (?,?)",("6 月",
70))
cursor.execute("INSERT INTO sales (date, sales) VALUES (?,?)",("7 月",
120))
cursor.execute("INSERT INTO sales (date, sales) VALUES (?,?)",("8 月",
125))

# 提交更改
conn.commit()

# 查询数据所有数据
cursor.execute("SELECT*FROM sales ")
values=cursor.fetchall()
for row in values:
    print(row)
# 关闭数据库连接
conn.close()
```

如果读取正确，将显示以下结果，如图 8 - 16 所示。

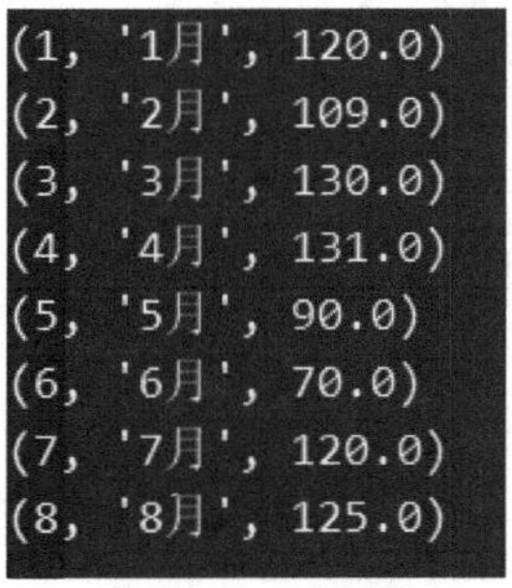

```
(1, '1月', 120.0)
(2, '2月', 109.0)
(3, '3月', 130.0)
(4, '4月', 131.0)
(5, '5月', 90.0)
(6, '6月', 70.0)
(7, '7月', 120.0)
(8, '8月', 125.0)
```

图 8 - 16　成功往数据库导入数据

```
import tkinter as tk
from tkinter import messagebox
import matplotlib.pyplot as plt
import matplotlib
from matplotlib.backends.backend_tkagg import FigureCanvasTkAgg
from tkinter import Tk,Frame
import sqlite3
matplotlib.rc("font",family='Microsoft YaHei')
# 从数据库中读入数据
def read_database():
    conn=sqlite3.connect('company_database.db')
    cursor=conn.cursor()
    cursor.execute("SELECT* FROM sales")
    values=cursor.fetchall()
    result=[]
    for row in values:
        result.append(row)
    conn.close()
    return result
# 预测程序
def predict(a):
    zengzhang=a[len(a)-1]/a[len(a)-2]
    print(zengzhang)
    minvalue=100000
    index=0
    for i in range(len(a)-2):
        value=abs(a[i+1]/a[i]-zengzhang)
        if minvalue>value:
            minvalue=value
            index=i

    return a[len(a)-1]*a[index+2]/a[index+1]
```

```
# 管理员显示柱状图
def show_figure(username):
    # 创建柱状图数据
    result=read_database()
    x=[]
    y=[]
    for i in range(len(result)):
        x.append(result[i][1])
        y.append(result[i][2])
    newresult=predict(y)
    if username=='admin':
        x.append('预测')
        y.append(newresult)
    # 创建柱状图
    fig, ax=plt.subplots()
    ax.bar(x, y)
    return fig
# 在 GUI 中画柱状图
def gui_chart(username):
    # 创建 Tkinter 窗口和容器
    root=Tk()
    frame=Frame(root, width=600, height=400)
    frame.pack()

    # 创建 matplotlib 图表
    fig=show_figure(username)

    # 在 Tkinter 容器中嵌入 matplotlib 图表
    canvas=FigureCanvasTkAgg(fig, master=frame)
    canvas.draw()
    canvas.get_tk_widget().pack(side='top', fill='both', expand=1)
```

```
    # 启动 Tkinter 事件循环
    root.mainloop()
# 登录界面
def login_page():
    username=enter_username.get()
    password=enter_password.get()
    # 如果是管理员,则显示预测数据
    if username=="admin "and password=="0":
        gui_chart(username)
    # 如果是普通员工,则不显示预测数据
    elif username=="staff "and password=="1":
        gui_chart(username)
    else:
        messagebox.showerror("错误信息提示","输入的用户名或密码有错误,请重试!")
# """
window=tk.Tk()
window.title("用户登录界面")
window.geometry("300×300")

text_username=tk.Label(window, text="用户名:")
text_username.pack()

enter_username=tk.Entry(window)
enter_username.pack()

text_password=tk.Label(window, text="密码:")
text_password.pack()

enter_password=tk.Entry(window, show="*" )
enter_password.pack()
```

```
button_login=tk.Button(window, text="登录", command=login_page)
button_login.pack()
window.mainloop()
# """
```

上述程序成功运行之后，就可以输入用户名‘admin’和密码‘0’，则以管理员身份进行登录，从而可以出现如图 8－17 所示页面，不仅有 1—8 月数据，也有对 9 月的预测数据。如果输入用户名‘staff’和密码‘1’，则以普通员工身份进行登录，从而可以出现如图 8－18 所示页面，仅有 1—8 月数据，没有预测数据。

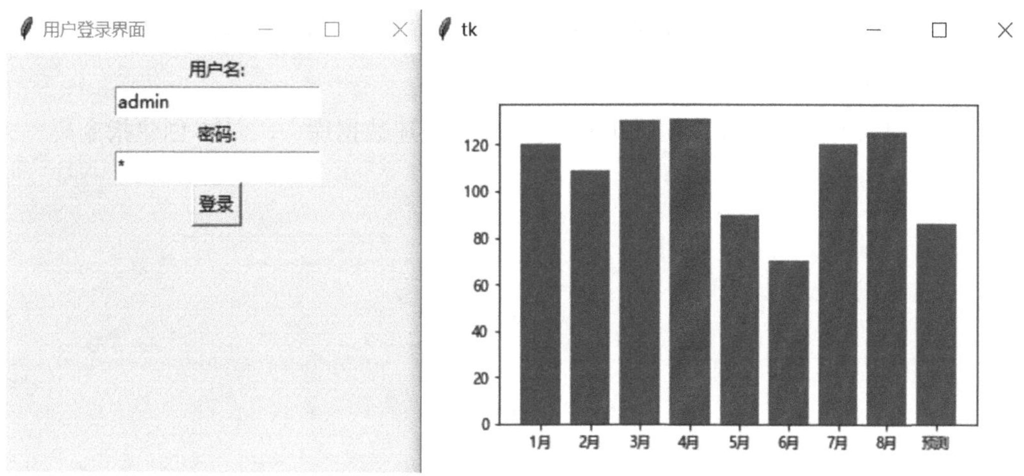

图 8－17　如果运行成功，以管理员身份登录之后，出现柱状图

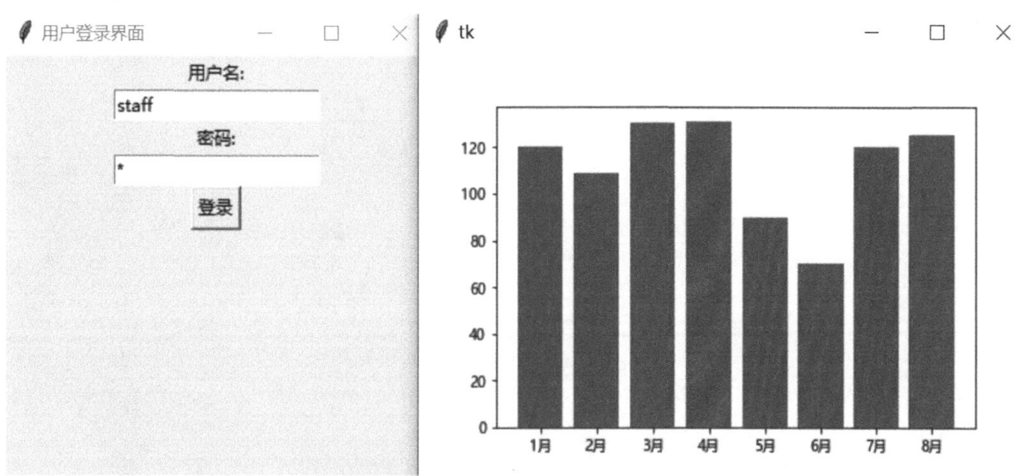

图 8－18　如果运行成功，以普通员工身份登录之后，出现柱状图

练习题

1. 以下属于数据管理系统部分的是　（　）
   A. 数据粉碎　B. 数据分析　C. 数据造假　D. 数据屏蔽
2. 公司数据管理系统可以通过以下哪方面提高公司决策能力　（　）
   A. 实时数据分析　B. 网络传输数据　C. 纸质化数据　D. 打散数据结构
3. GUI 库是　（　）
   A. 归纳库　B. 系统库　C. 信息化库　D. 图形用户接口
4. Kivy 库是　（　）
   A. 系统化库　B. 单触点应用库　C. 多触点应用库　D. 格式化库
5. Tkinter 库主要用于　（　）
   A. 删除 GUI　B. 创建 GUI　C. 创建数据库　D. 创建指令集

第 9 章

公司舆情分析系统开发

学习目标

知识目标

- 了解公司舆情管理的概念
- 了解为什么需要进行舆情管理
- 了解如何应用 Python 平台分析舆情数据
- 了解 Python 平台下如何保存舆情分析数据
- 了解如何运用舆情分析结果

能力目标

- 能够收集舆情数据
- 能够预处理舆情数据
- 能够用 NLP 算法分析舆情数据
- 能够运用舆情数据帮助企业

素质目标

- 培养学生的发现问题、解决问题的能力
- 培养学生的新闻敏感性
- 培养学生正确分析事件、得出正确结论的能力

9.1 背景知识

公司舆情管理是指对涉及公司的各种舆情信息进行监测、分析和评估，以帮助公司了解公众对公司的看法、态度和行为，从而做出相应的决策。其目的是维护公司的声誉和形象，促进公司的健康发展。

公司舆情管理主要包括新闻报道、社交媒体、论坛、微博等线上平台的信息监测。同时，也需要关注线下平台的信息传播，如口口相传、口碑等。在监测过程中，需要运用技术手段，如大数据分析、人工智能等，以提高信息获取的效率和准确性。

分析内容主要包括以下几个方面：

① 舆情信息的数量、质量和传播路径。

② 公众对公司的看法、态度和行为。

③ 竞争对手的舆情信息。

④ 行业内的舆情信息。

9.1.1 数据整合

(1) 数据收集

收集与公司相关的各种舆情信息，如新闻报道、社交媒体评论、论坛讨论、微博的文章等。同时，也需要收集行业内的舆情信息，以了解行业发展趋势和竞争对手的情况。

(2) 数据处理

数据处理主要包括以下几个方面：

① 对数据进行分类和归档。

② 对数据进行清洗和去重。

③ 对数据进行关键词提取和情感分析。

④ 对数据进行可视化处理。

(3) 数据存储

将处理后的数据存储在数据库或数据仓库中，以便后续分析和使用。同时，也需要建立数据备份机制，以防止数据丢失或损坏。

9.1.2 危机应对

(1) 危机识别

通过舆情监测和分析，及时发现可能引发危机的舆情信息。同时，也需要关注公众对公司的负面情绪和不良行为,如集体维权、恶意攻击等。

(2) 危机评估

对可能引发危机的舆情信息进行评估,包括危机级别、影响范围、危害程度等。同时,也需要评估公司的应对能力和资源储备情况。

(3) 危机应对策略制定

根据评估结果,制定相应的危机应对策略,包括以下几个方面。

① 危机预警:及时发现并处理可能引发危机的舆情信息。

② 危机应对方案:制定应对危机的具体方案,包括应对措施、人员安排、资源保障等。

③ 危机沟通:与公众、媒体、政府部门等进行有效沟通,消除误解和不良影响;

④ 危机后的恢复和总结:对危机进行善后处理,总结经验教训,完善公司的危机应对机制。

为了预防和应对可能出现的危机情况,公司需要制定相应的预案。预案应包括以下几个方面。

(1) 预案制定原则

在制定预案时,应遵循科学性、实用性、可操作性等原则,确保预案的有效性和可执行性。

(2) 预案内容

预案应包括:

① 危机类型和级别划分。

② 危机应对的组织架构和职责分工。

③ 危机应对的具体措施和实施流程。

④ 危机应对的资源保障和协调配合。

⑤ 危机后的总结评估和改进措施。

为了确保预案的有效性和合法性,预案需要经过相关部门审批并备案。审批和备案过程中需要遵循相应的法规和规定。沟通协调是公司舆情管理中的重要环节之一。良好的沟通协调可以有效地促进公司与公众、媒体、政府部门等之间的信息交流和合作。

沟通协调的主要内容有:

① 内部沟通协调公司需要建立完善的内部沟通协调机制,确保各部门之间的信息共享和协同工作。在面对舆情危机时,各部门需要迅速响应并积极配合处理。

② 外部沟通协调公司需要与媒体、公众、政府部门等进行有效的沟通和协调。通过及时回应媒体采访、发布权威信息等方式,消除误解和不良影响。同时,也需要积

极与公众和政府部门沟通协商解决问题的方式方法和利益关系。

③ 培训宣传是提高公司舆情管理能力的重要手段之一。通过培训宣传可以让员工了解舆情管理的重要性和相关知识技能,同时掌握如何应对舆情危机的技巧和方法,从而提高舆情意识和素质水平。

④ 持续改进是公司舆情管理中不可或缺的一环,通过不断总结经验教训优化工作流程和方法、提高工作效率和质量,从而更好地应对日益复杂的舆情环境、为公司创造更大的价值。

如图 9－1 所示,现阶段某公司需要建立舆情管理系统,对于所收集的网络新闻数据或客户数据,进行处理及分析,从而管理舆情系统。因此,委托你所在软件开发公司开发相关系统。

图 9－1　某公司需要建立舆情管理系统,以避免公司损失

你作为软件开发公司的技术员工,需要开发一套基于 Python 的公司舆情管理系统。具体实施需求包括:

① 多渠道的数据收集。

② 采用自然语言处理进行自动化处理。

③ 针对处理结果进行展示。

④ 保存处理结果。

9.2 理论支撑

9.2.1 网络爬虫

网络爬虫(又称为网页内容爬取蜘蛛、网页内容爬取机器人),是一种按照一定的程序规则,可以从指定网页上自动抓取其内容的一种程序段或者程序脚本。网络爬虫广泛用于各种内容搜集,也是搜索引擎的重要组成部分。网络爬虫可分为两种:通用爬虫和聚焦爬虫。通用爬虫是指将互联网上的网页内容,通过爬虫程序下载到本地进行存储,相当于形成一个网页内容的本地备份。聚焦爬虫,区别于通用爬虫,并不追求大的覆盖率,而将目标锁定为抓取与某一特定主题相关的网页,为特定用户提供相关网页的数据资源。

一般来说,网络爬虫需要网页的 URL,通过爬虫程序获得网页上内容。在抓取网页内容的过程中,可以根据更新的 URL,不断爬取内容,直到满足一定停止条件。聚焦爬虫的工作流程则需要根据一定的内容分析算法,过滤掉与客户所需要的主题无关的 URL,保留有用的 URL,再从这些 URL 中爬取相关内容,相当于进行了一次筛选。

总的来说,网络爬虫是一种面向互联网的自动内容搜索工具,能够自动收集和处理大量的网页信息,为各种应用提供自动化的数据收集服务。有些网站可能设置了防爬虫机制,避免过度地使用网络爬虫,导致网站瘫痪。同时,在使用网络爬虫的时候,也需要注意遵守相关的法律法规,不能使用非法手段,尊重数据隐私保护。

9.2.2 词频统计

词频统计一般是指在文本数据中,统计每个单词或符号出现的次数,以便对文本进行分析和预处理。它是自然语言处理中的一个重要任务,是情感分析、机器翻译等各种任务的基础。在词频统计中,通常统计每个单词或符号出现的次数,并将其统计结果存储到数据集或字典。这些数据集或字典可以进一步用来进行文本分类、情感分析等任务,也可以用于训练机器学习模型。词频统计可以应用于文本分类、情感分析、机器翻译各种领域等。如,在情感分析中,词频统计可以帮助确定文本中最常见的单词的情感分析值,从而确定整个句子的情感值。总的来说,词频统计是一种基础性的文本处理技术,可以帮助我们更好地理解和分析文本数据。

9.2.3　基于 SnowNLP 的情感分析

SnowNLP 是 Python 的第三方库，主要实现中文情感分析功能。SnowNLP 可以用来判断一段中文文本的情感倾向，比如正向、负向或中性。比如，很好、非常好等一般称之为正向；太差、非常差等一般称之为负向；去买东西、去吃饭等叙述性单词一般是中性。它基于朴素贝叶斯分类器，运用机器学习算法进行训练，能够对中文文本进行情感分析。SnowNLP 的情感分析值一般是一个介于 0 到 1 之间的浮点数，越靠近 1 表示文本的情感越积极(正向)，越靠近 0 表示情感越消极(负向)。如果结果情感分析值接近 0.5，则可能表示是中性的。

SnowNLP 的情感分析使用了大量的中文文本数据作为训练集，运用机器学习的方法，进行训练。因此，对于某些隐晦的词语，或者是新兴的网络词汇，SnowNLP 的情感分析可能不够准确，这时需要使用校正算法，或者更新训练数据集的方法来提高情感分析的准确率。此外，SnowNLP 还提供了其他功能，比如分词(分解整个句子为一个一个的单词)、提取关键词、形成文本摘要等，结合这些功能，SnowNLP 可以以提供更为全面的文本处理和情感分析能力。

9.3　实训案例：公司舆情分析系统项目

9.3.1　需求分析

(1) 确定目标用户群体

在开发公司舆情管理系统之前，首先需要明确目标用户群体。这包括公司内部员工、管理层、市场部门、公关部门等，他们需要使用该系统来监测、分析和应对舆情。

(2) 确定系统功能需求

根据目标用户群体的需求，确定系统功能需求。例如，需要具备以下功能。数据采集：从各种来源(如新闻网站、社交媒体、论坛等)自动采集舆情数据。文本挖掘与分析：对采集的文本数据进行挖掘和分析，提取有用的信息和知识。情感分析：对文本数据进行情感倾向性分析，了解公众对公司或产品的态度和情绪。预警与报告生成：通过监测和分析公众对公司的情感态度和舆论趋势，及时发现潜在的危机和风险，为决策层提供预警信息。同时，根据分析结果生成各种形式的报告。数据可视化：将分析结果以图表、报表等形式展示，方便用户理解和分析。用户权限管理：根据用户角色和权限，控制系统的访问和使用。系统日志记录：记录系统的操作日志，以便于追踪和审计。

(3) 确定数据来源和采集方式

确定舆情数据的来源和采集方式,包括从哪些网站、社交媒体平台等获取数据,以及如何自动或半自动地采集数据。同时,需要考虑数据的准确性和实时性。

(4) 确定数据存储和处理方式

确定舆情数据的存储和处理方式,包括数据的存储位置、存储格式、处理算法等。需要考虑数据的可扩展性和可维护性。

(5) 确定系统界面和交互方式

确定系统的界面和交互方式,包括系统的操作界面、交互流程等。需要考虑用户体验和易用性。

(6) 确定系统安全和隐私保护要求

确定系统的安全和隐私保护要求,包括数据加密、访问控制、备份与恢复等。需要考虑系统的安全性和合规性。

(7) 确定系统部署和运维方案

确定系统的部署和运维方案,包括系统的硬件配置、软件环境、部署流程等。需要考虑系统的可扩展性和可维护性。

(8) 确定系统开发周期和预算

根据以上需求分析,确定系统的开发周期和预算。需要考虑开发过程中的风险和不确定性因素,制定相应的应对措施。同时,需要与相关部门协商,确保项目的顺利进行。

9.3.2 项目开发计划书

(1) 项目背景和目标

随着互联网的普及和社交媒体的兴起,舆情对公司形象和业务发展具有越来越重要的影响。为了更好地监测、分析和应对舆情,提高公司的品牌形象和市场竞争力,我们计划开发一款公司舆情管理系统。该系统旨在帮助公司及时了解公众对公司的态度和情绪,发现潜在的危机和风险,为决策层提供预警信息,并生成各种形式的报告,以支持决策层的决策。

目前市场上已经存在一些舆情管理系统,但大多数系统功能较为单一,不能满足公司日益增长的需求。因此,我们需要开发一款功能全面、性能稳定、用户体验良好的舆情管理系统。在竞争分析方面,我们将深入研究市场上的竞品,分析其优点和不足,从而更好地定位我们的产品。

(2) 需求分析

详见 9.3.1。

(3) 系统功能和特点

我们的舆情管理系统将具备以下功能和特点。数据采集:从各种来源自动采集舆情数据,包括新闻网站、社交媒体、论坛等。文本挖掘与分析:对采集的文本数据进行挖掘和分析,提取有用的信息和知识。情感分析:对文本数据进行情感倾向性分析,了解公众对公司或产品的态度和情绪。预警与报告生成:通过监测和分析公众对公司的情感态度和舆论趋势,及时发现潜在的危机和风险,为决策层提供预警信息。同时,根据分析结果生成各种形式的报告。数据可视化:将分析结果以图表、报表等形式展示,方便用户理解和分析。用户权限管理:根据用户角色和权限,控制系统的访问和使用。系统日志记录:记录系统的操作日志,以便于追踪和审计。自定义功能:用户可以根据自己的需求自定义数据采集、分析和报告生成等功能。良好的用户体验:系统界面简洁明了,操作流程简单易懂,提高用户的使用效率。高性能和稳定性:系统采用先进的技术架构和算法,确保数据的准确性和实时性。同时,我们将进行充分的测试和优化,确保系统的稳定性和可靠性。

(4) 技术方案和实施计划

技术方案:我们将采用 Python 作为开发语言,利用爬虫进行数据采集。文本挖掘和分析将使用自然语言处理技术和机器学习算法。前端使用 Tkinter 进行开发,后端使用 Python 进行数据处理和分析。数据存储将采用关系型数据库和非关系型数据库相结合的方式。实施计划:我们将按照以下步骤进行实施:需求分析、设计、开发、测试、上线、运维等。在项目实施过程中,我们将遵循敏捷开发方法,确保项目的顺利进行。

(5) 人员配备和职责分工

我们将组建一个由项目经理、产品经理、技术开发团队、测试团队和运维团队组成的项目团队。各团队成员的职责如下。项目经理:负责整个项目的协调和管理,确保项目的顺利进行。产品经理:负责产品的需求分析和规划,提供业务支持和技术指导。技术开发团队:负责系统的设计和开发工作,包括前端和后端的开发、数据库设计等。测试团队:负责系统的测试工作,包括功能测试、性能测试、安全测试等。运维团队:负责系统的上线和维护工作,包括数据备份、故障排除等。

(6) 时间和进度安排

项目的时间进度安排如下。

需求分析和设计阶段(1 个月):进行详细的需求分析和设计工作,明确系统的功能和特点。

开发和测试阶段(3 个月):进行系统的开发和测试工作,包括前端和后端的开发、数据库设计等。同时进行严格的测试工作,确保系统的稳定性和可靠性。

上线和运维阶段(1 个月):将系统正式上线并进行运维工作,包括数据备份、故障排除等。同时进行用户培训和技术支持工作。

项目总结和评估阶段(1 个月):对项目进行总结和评估工作,总结经验教训并提出改进意见和建议。同时进行项目的收尾工作并完成相关文档的编写工作。

(7) 预算和成本估算

项目的预算和成本估算如下。

人员成本:根据项目团队成员的薪资和工作量计算得出人员成本约为 20 万元。

技术成本:根据项目所采用的技术方案和实施计划计算得出技术成本约为 30 万元。

其他成本:办公用品、差旅费等其他费用约为 10 万元。

总成本:以上各项费用之和为总成本约为 60 万元。

(8) 风险评估和应对措施

在项目实施过程中可能会遇到以下风险:技术难度大、时间进度紧张、预算超支等。

(9) 测试方案和上线计划

我们将进行全面的测试工作,包括功能测试、性能测试、安全测试等。具体测试方案如下。

功能测试:按照需求文档进行逐一的功能测试,确保系统各项功能能够正常运行。

性能测试:对系统进行压力测试和负载测试,确保系统在高负载情况下能够稳定运行。

安全测试:对系统进行安全漏洞扫描和渗透测试,确保系统的安全性。

在完成开发和测试工作后,我们将进行系统的上线工作。具体上线计划如下。

上线准备:完成系统的部署和配置工作,确保系统能够正常运行。

上线演练:进行一次上线演练,模拟实际使用场景,确保系统在实际使用中能够稳定运行。

正式上线:在完成上线演练后,正式将系统上线,供用户使用。

(10) 培训计划和用户手册

为了使用户能够更好地使用系统,我们将制定详细的培训计划。具体培训内容如下。

系统操作培训:对用户进行系统的基本操作培训,包括数据采集、数据分析、报告生成等功能的使用方法。

数据分析培训:对用户进行数据分析培训,包括如何利用系统进行数据挖掘和分析，以及如何解读分析结果。

用户手册：我们将编写一份详细的用户手册，包括系统的操作指南、常见问题解答等内容。用户手册将提供给用户使用，以便用户更好地理解和使用系统。

以上是公司舆情管理系统项目开发计划书的详细内容。我们将按照计划有序地进行项目的实施工作，确保项目的顺利进行。同时，也将根据实际情况对计划进行调整和优化，以确保项目的质量和进度。

9.3.3　网络爬虫方法实现

```
import requests
from bs4 import BeautifulSoup

url='https://www.baidu.com/'  # 替换为你想爬取的网页地址
response=requests.get(url)
response.encoding='utf-8'

# 检查请求是否成功
if response.status_code==200:
    # 使用 html.parser 作为解析器
    soup=BeautifulSoup(response.text,'html.parser')
    # 打印网页的标题
    print(soup.title.text)
    # 打印整个 HTML 文档
    print(soup.prettify())
else:
    print(f'Failed to retrieve the webpage: Status code {response.status_
code}')
```

如果运行成功，将在 console 窗口显示如图 9－2 所示的内容。

requests 是 Python 中的一个非常流行的 HTTP 客户端库，用于发送 HTTP 请求。它提供了一个简单、人性化的 API，使得发送 GET、POST、PUT、DELETE 等请求变得非常容易。

以下是一些基本的使用方法。

```
<div id="ftCon">
 <div id="ftConw">
  <p id="lh">
   <a href="http://home.baidu.com">
    关于百度
   </a>
   <a href="http://ir.baidu.com">
    About Baidu
   </a>
  </p>
  <p id="cp">
   ©2017 Baidu
   <a href="http://www.baidu.com/duty/">
    使用百度前必读
   </a>
   <a class="cp-feedback" href="http://jianyi.baidu.com/">
    意见反馈
   </a>
   京ICP证030173号
   <img src="//www.baidu.com/img/gs.gif"/>
```

图 9-2 通过程序爬取的内容

① 安装 requests

如果你还没有安装'requests',可以通过 pip 进行安装：

```
pip install requests
```

② GET 请求

```
import requests

response=requests.get('https://www.baidu.com/')
response.encoding='utf-8'
data=response.text
print(data)
```

③ POST 请求

```
import requests

data={
```

```
        'key1':'value1',
        'key2':'value2'
    }

    response=requests.post('https://www.baidu.com/', data=data)
    response.encoding='utf-8'
    print(response.text)
```

④ 设置请求头

如果你需要设置特定的请求头，可以使用'headers'参数。

```
    import requests

    headers={
        'Content-Type':'application/json',
        'Authorization':'Bearer your_token'
    }
    response= requests.get('https://www.baidu.com/', headers=headers)
    print(response.text)
```

⑤ 错误处理

你可以使用 try-except 块来捕获可能出现的异常。

```
    import requests

    try:
        response=requests.get('https://www.baidu.com/')
        response.raise_for_status()  # 如果响应的状态码表示错误(如 4xx 或
5xx),则引发 HTTPError 异常。
    except requests.exceptions.HTTPError as err:
        print(f"HTTP error occurred:{err}")
    except Exception as err:
        print(f"An error occurred:{err}")
```

9.3.4 词频统计方法实现

```
import jieba
txt='这个公司的产品很不错,使用体验很好,以后还会再买'
words=jieba.lcut(txt)
print(words)
setword={}
for single in words:
  if single in setword:
     count=setword[single]+1
     setword.update({single:count})
  else:
     setword.update({single:1})
print(setword)
```

Python 的 jieba 库是一个强大的中文文本处理库,它可以用来进行中文分词、词性标注、关键词提取等功能。以下是 jieba 库的一些主要功能和特点。

中文分词:jieba 库可以将中文文本切分成单个的词语,这对于后续的文本分析和处理非常重要。

词性标注:jieba 库可以对每个词语进行词性标注,例如名词、动词、形容词等。

关键词提取:jieba 库可以根据文本内容提取关键词,帮助用户快速了解文本的主题。

情感分析:jieba 库可以对文本进行情感分析,判断文本的情感倾向是正面还是负面。

文本相似度匹配:jieba 库可以计算两个文本之间的相似度,帮助用户判断文本的相似性。

使用 jieba 库需要先安装相应的库,如图 9－3 所示,可以通过 pip 命令进行安装:

```
pip install jieba
```

安装完成后,可以在 Python 代码中导入 jieba 库并使用其中的函数和方法。例如,以下是一个简单的示例代码,演示如何使用 jieba 库进行中文分词。

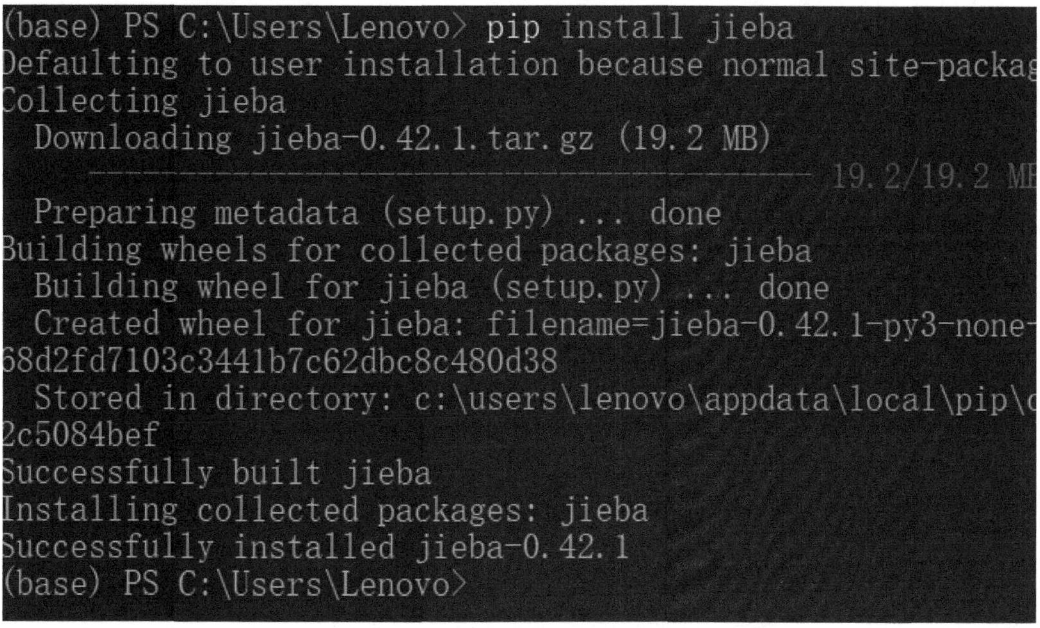

```
(base) PS C:\Users\Lenovo> pip install jieba
Defaulting to user installation because normal site-packag
Collecting jieba
  Downloading jieba-0.42.1.tar.gz (19.2 MB)
     ---------------------------------------- 19.2/19.2 MB
  Preparing metadata (setup.py) ... done
Building wheels for collected packages: jieba
  Building wheel for jieba (setup.py) ... done
  Created wheel for jieba: filename=jieba-0.42.1-py3-none-
68d2fd7103c3441b7c62dbc8c480d38
  Stored in directory: c:\users\lenovo\appdata\local\pip\c
2c5084bef
Successfully built jieba
Installing collected packages: jieba
Successfully installed jieba-0.42.1
(base) PS C:\Users\Lenovo>
```

图 9-3 安装 jieba 库

```
import jieba

# 待分词的文本
text="我爱北京天安门"

# 使用 jieba 进行分词
seg_list=jieba.cut(text)

# 输出分词结果
print("".join(seg_list))
```

运行以上代码会输出分词结果:“我 爱 北京 天安门”。

9.3.5 情感分析方法实现

SnowNLP 是一个用于处理中文文本的 Python 库。它主要用于中文文本分类、情感分析、关键词提取等任务。如果报错没有 snownlp 模块,如图 9-4 所示,则在命令窗口输入 pip install snownlp。

```
(base) PS C:\Users\Lenovo> pip install snownlp
Defaulting to user installation because normal site-packages is not writeable
Collecting snownlp
  Downloading snownlp-0.12.3.tar.gz (37.6 MB)
     ---------------------------------------- 37.6/37.6 MB 2.3 MB/s eta 0:00:00
  Preparing metadata (setup.py) ... done
Building wheels for collected packages: snownlp
  Building wheel for snownlp (setup.py) ... done
  Created wheel for snownlp: filename=snownlp-0.12.3-py3-none-any.whl size=377609
da9d53fa1ae5e441852d896236a5c9f387d
  Stored in directory: c:\users\lenovo\appdata\local\pip\cache\wheels\4a\fc\04\d1
711bd17eb
Successfully built snownlp
Installing collected packages: snownlp
Successfully installed snownlp-0.12.3
(base) PS C:\Users\Lenovo>
```

图 9-4　安装 snownlp 库

请注意，SnowNLP 主要针对中文，对于其他语言（如英文）的支持可能有限。如果你需要处理英文或其他语言的文本，可能需要考虑其他库。简单的情感分析实现实例：

```
# !/usr/bin/env python
# coding:utf-8
from snownlp import SnowNLP
text1='这个东西不错'
text2='这个东西很不好用'
s1=SnowNLP(text1)
s2=SnowNLP(text2)
print(s1.sentiments, s2.sentiments)
```

为了方便做计算，一般将情分分值，转换成固定数值，从而可以定性分析情感值。

```
from snownlp import SnowNLP
def snow_result(comemnt):
    s=SnowNLP(comemnt)
    if s.sentiments>=0.6:
        return 1
    else:
        return 0
```

```
text1='这个东西不错'
text2='这个东西很不好用'
print(snow_result(text1))
print(snow_result(text2))
```

9.3.6　舆情分析系统集成

```
import tkinter as tk
from tkinter import messagebox
import matplotlib.pyplot as plt
import matplotlib
from matplotlib.backends.backend_tkagg import FigureCanvasTkAgg
from tkinter import Tk, Frame
import requests
from bs4 import BeautifulSoup
from snownlp import SnowNLP
import jieba
import re
from collections import Counter
matplotlib.rc("font", family='Microsoft YaHei')
# 词频统计程序
def statistics(txt, checkword):
    words=jieba.lcut(txt)
    # print(words)
    setword={}
    for single in words:
        if is_chinese(single):
            if single in checkword:
                temp=SnowNLP(single)
                score=temp.sentiments
                if score<0.4:
```

```
                if single in setword:
                    count=setword[single]+1
                    setword.update({single:count})
                else:
                    setword.update({single:1})
        sorted_dic=sorted(setword.items(),key=lambda x:x[1],reverse=True)
        top_words=sorted_dic[:len(checkword)]
        return top_words
    # 从数据库中读入数据
    def read_url():
        site=[]
        site.append(['百度新闻','https://news.baidu.com/'])
        site.append(['搜狐','https://www.sohu.com/'])
        site.append(['新浪','https://www.sina.com.cn/'])
        checkword=['外贸','汽车','投诉']

        content=[]
        for url in site:
            response=requests.get(url[1])
            response.encoding='utf-8'
            # 检查请求是否成功
            if response.status_code==200:
                # 使用 html.parser 作为解析器
                soup=BeautifulSoup(response.text,'html.parser')
                # 保存网址,标题及内容,最后一位用于保存情感值
                top_words=statistics(soup.get_text(),checkword)
                content.append([url,soup.title.text,top_words,0])
            else:
                print(f'Failed to retrieve webpage: Status code {response.status_
code}')
        return content
    # 判断是否为中文字符
```

```
def is_chinese(char):
    pattern=re.compile(r'[\u4e00-\u9fa5]')
    if pattern.match(char) and len(char)>1:
        return True
    else:
        return False
# 检测情感程序
def detect(content):
    content=read_url()
    for i in range(len(content)):
        word=content[i][1]
        score=0
        temp=SnowNLP(word)
        score=temp.sentiments
        content[i][3]=score
    return content
# 将情感检测结果进行转换
def snow_result(score):
    if score>=0.6:
        return 1
    else:
        return 0

# 管理员显示柱状图
def show_figure(username):
    # 创建柱状图数据
    content=read_url()
    result=detect(content)
    x=[]
    y=[]
    colorset=[]
    var=[]
```

```
    for i in range(len(result)):
        x.append(str(result[i][0][0]))
        y.append(result[i][3])
        colorset.append('blue')
        var.append(' ')
        if username=='admin':
            result_str= ''
            for key in result[i][2]:
                result_str+=str(key)+'\n'
            x.append(str(result[i][0][0])+'统计')
            y.append(0)
            var.append(result_str)
            colorset.append('red')
    # 创建柱状图
    fig, ax=plt.subplots()
    ax.bar(x, y, color=colorset)
    plt.ylabel('情感分析值,接近 1 为正向,接近 0 为负向')
    for i in range(len(var)):
        plt.text(x[i], y[i]+0.5, str(var[i]), ha='center', va='top')
    return fig
# 在 GUI 中画柱状图
def gui_chart(username):
    # 创建 Tkinter 窗口和容器
    root=Tk()
    root.title("分析结果")
    frame=Frame(root, width=600, height=400)
    frame.pack()

    # 创建 matplotlib 图表
    fig=show_figure(username)

    # 在 Tkinter 容器中嵌入 matplotlib 图表
```

```
        canvas=FigureCanvasTkAgg(fig, master=frame)
        canvas.draw()
        canvas.get_tk_widget().pack(side='top', fill='both', expand=1)

        # 启动 Tkinter 事件循环
        root.mainloop()
    # 登录界面
    def login_page():
        username=enter_username.get()
        password=enter_password.get()
        # 如果是管理员,则显示预测数据
        if username=="admin "and password=="0":
            gui_chart(username)
        # 如果是普通员工,则不显示预测数据
        elif username=="staff "and password=="1":
            gui_chart(username)
        else:
            messagebox.showerror("错误信息","输入的用户名或密码有错误,
请重试!")
    # """
    window=tk.Tk()
    window.title("用户登录界面")
    window.geometry("300×300")

    text_username=tk.Label(window, text="用户名:")
    text_username.pack()

    enter_username=tk.Entry(window)
    enter_username.pack()

    text_password=tk.Label(window, text="密码:")
    text_password.pack()
```

```
enter_password=tk.Entry(window, show="*")
enter_password.pack()

button_login=tk.Button(window, text="登录", command=login_page)
button_login.pack()
window.mainloop()
# 程序结束
```

在这里 import tkinter as tk 中出现了一个 tk，这是 tkinter 的缩写。在程序编写中，如果一个第三方包的名字比较长，且多次在程序中出现，一般会给这个包名起一个别名。在这个程序中，我们爬取了三个地址的所有内容，这三个网址为百度新闻主页 https://news.baidu.com、搜狐主页 https://www.sohu.com、新浪主页 https://www.sina.com.cn，然后查询是否有关键字['外贸','汽车','投诉']出现，代码如下。

```
site=[]
site.append(['百度新闻', 'https://news.baidu.com/'])
site.append(['搜狐', 'https://www.sohu.com/'])
site.append(['新浪', 'https://www.sina.com.cn/'])
checkword=['外贸','汽车','投诉']
```

如果需要增加更多网址，可以 site.append(['网址名','具体地址'])的方式。在对这三个地址进行内容爬取之后，程序自动去掉跟内容不相关的 html 标签(如<span>等 html 标签)，就可以爬取内容，代码如下。

```
content=[]
for url in site:
    response=requests.get(url[1])
    response.encoding='utf-8'
    # 检查请求是否成功
    if response.status_code==200:
        # 使用 html.parser 作为解析器
```

```
        soup=BeautifulSoup(response.text,'html.parser')
        # 保存网址,标题及内容,最后一位用于保存情感值
        top_words=statistics(soup.get_text(),checkword)
        content.append([url,soup.title.text,top_words,0])
    else:
        print(f'Failed to retrieve webpage: Status code {response.status_
code}')
```

在爬取内容之后，进行情感分析，就可以得到这个网址上内容的情感分析值，从而可以知道内容整体上是正向的还是负向的，具体代码如下。

```
# 检测情感程序
def detect(content):
    content=read_url()
    for i in range(len(content)):
        word=content[i][1]
        score=0
        temp=SnowNLP(word)
        score=temp.sentiments
        content[i][3]=score
    return content
```

其中 content 为从网址上获取的内容，最后将情感分析值保存到 content[i][3]中，其中 i 表示第几个网址，3 表示存储情感分析值的下标。

词频统计的目的，是让用户清楚知道是否出现了用户所关心的词语（如 checkword=['外贸','汽车','投诉']中的这三个词语），都出现了多少次，以快速确定内容相关性等，具体程序段如下。

```
# 词频统计程序
def statistics(txt,checkword):
    words=jieba.lcut(txt)
    # print(words)
    setword={}
```

```
for single in words:
  if is_chinese(single):
    if single in checkword:
      temp=SnowNLP(single)
      score=temp.sentiments
      if score<0.4:
        if single in setword:
            count=setword[single]+1
            setword.update({single:count})
        else:
            setword.update({single:1})
sorted_dic=sorted(setword.items(),key=lambda x:x[1],reverse=True)
top_words=sorted_dic[:len(checkword)]
return top_words
```

当用户进入系统之后,就可以查看到这些网址上的情感分析值。如果输入用户名'admin',密码'0',则如图 9-5 所示,显示网页内容情感分值,及显示是否出现了用户关心的词语及其出现的次数,方便用户查看。如果输入用户名'staff',密码'1',则如图 9-6 所示,只显示网页内容情感分析值。

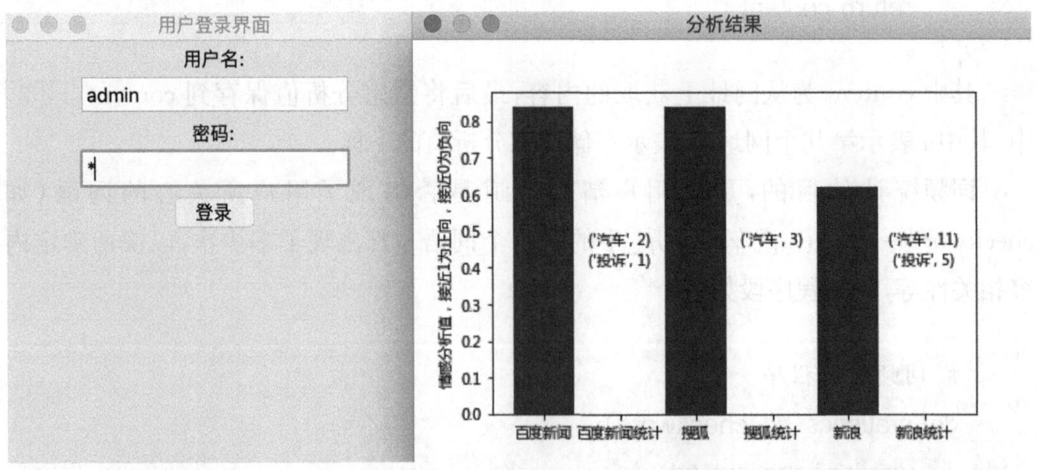

图 9-5　如果 admin 用户,不仅显示各网址内容的情感分析值,且显示是否出现了用户关心的词语及其出现的次数

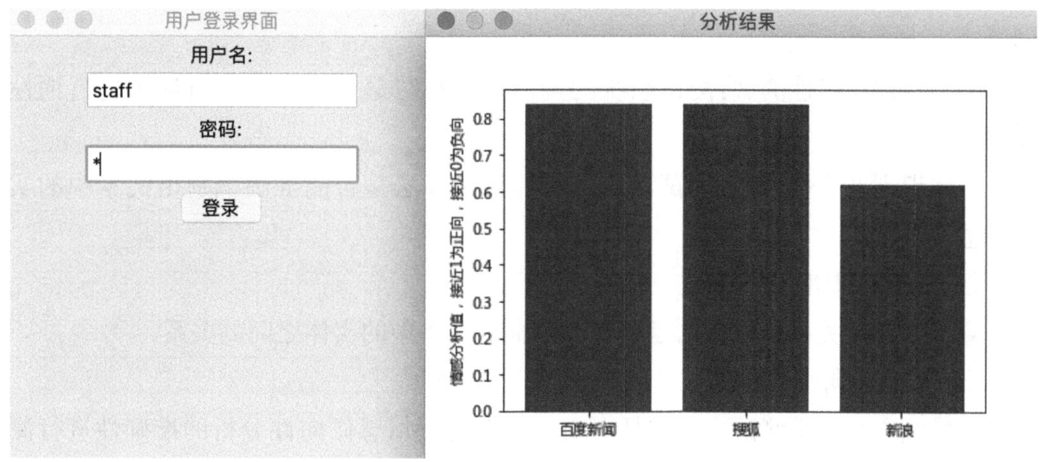

图 9-6　如果 staff 用户，则显示各网址内容的情感分析值

9.3.7　系统运行及测试

(1) 系统运行环境测试

系统运行环境测试主要包括硬件和软件的兼容性测试，以确保系统能在公司的服务器上稳定运行。

服务器硬件配置测试：测试服务器的 CPU、内存、存储等硬件性能，确保满足系统运行要求。

操作系统兼容性测试：测试系统在不同操作系统（如 Windows、Linux 等）上的兼容性，确保系统能在不同环境下正常运行。

软件依赖性测试：测试系统所依赖的软件（如数据库、Web 服务器等）的安装和配置，确保系统能正常运行。

(2) 数据收集与处理测试

数据收集与处理测试主要包括从各种来源自动采集舆情数据的准确性和实时性，以及数据的清洗和处理流程的测试。具体包括以下几种。

数据采集准确性测试：测试系统是否能准确从目标网站、社交媒体等来源采集数据。

数据采集实时性测试：测试系统是否能实时采集最新的舆情数据。

数据清洗和处理流程测试：测试系统的数据清洗和处理流程是否正确，是否能去除无效和重复的数据。

(3) 文本分析算法测试

文本分析算法测试主要包括对文本数据进行挖掘和分析的准确性进行测试。

文本分词准确性测试:测试系统的文本分词算法是否能准确地将文本分割成词语。

词性标注准确性测试:测试系统的词性标注算法是否能准确地对词语进行词性标注。

实体识别准确性测试:测试系统的实体识别算法是否能准确识别出文本中的实体信息。

(4) 关系抽取准确性测试

测试系统的关系抽取算法是否能准确抽取文本中的实体之间的关系。

(5) 情感倾向性分析测试

情感倾向性分析测试主要包括对文本数据进行情感倾向性分析的准确性进行测试。具体包括如下。

情感词典准确性测试:测试系统的情感词典是否准确,是否能正确判断文本的情感倾向。

情感计算模型准确性测试:测试系统的情感计算模型是否准确,是否能根据情感词典对文本进行情感倾向性分析。

情感倾向性分析准确性测试:测试系统是否能准确地对文本进行情感倾向性分析,是否能正确判断文本的情感倾向。

(6) 危机预警功能测试

危机预警功能测试主要包括对系统根据分析结果生成危机预警的准确性和及时性进行测试。具体包括如下。

危机预警触发条件设置测试:测试系统的危机预警触发条件是否合理,是否能准确判断出潜在的危机。

危机预警生成准确性测试:测试系统是否能准确生成危机预警信息,是否能正确地识别和报告潜在的危机。

危机预警及时性测试:测试系统是否能及时生成危机预警信息,是否能及时地报告潜在的危机。

(7) 报告生成与可视化测试

报告生成与可视化测试主要包括对系统根据分析结果生成报告和可视化的准确性和易用性进行测试。具体包括如下。

报告模板设置测试:测试系统的报告模板是否合理,是否能满足不同用户的需求。

报告生成准确性测试:测试系统是否能准确生成报告,是否能正确地展示分析结果。

报告可视化效果测试:测试系统的报告可视化效果是否良好,是否能清晰地展示分析结果。

报告易用性测试:测试系统的报告是否易于阅读和理解,是否提供必要的注释和说明。

(8) 系统性能与稳定性测试

系统性能与稳定性测试主要包括对系统的处理能力、响应速度、负载能力等进行测试,以确保系统能在高负载情况下稳定运行。具体包括如下。

系统处理能力测试:通过模拟大量数据输入,测试系统的处理能力和响应速度。

系统负载能力测试:通过模拟高并发访问,测试系统的负载能力和稳定性。

系统故障恢复能力测试:模拟系统故障情况,检查系统的自动恢复功能是否有效。

系统可靠性稳定性评估:长时间运行系统和进行压力测试,以评估系统的可靠性和稳定性。

(9) 安全性与隐私保护测试

安全性与隐私保护测试主要包括对系统的数据加密、访问控制、备份与恢复等功能进行测试,以确保系统的安全性与隐私保护能力。具体包括如下。

数据加密安全性测试:检查数据在传输和存储过程中是否得到有效加密保护。

访问控制权限设置测试:验证系统对不同用户角色的访问权限控制是否合理且有效。

备份与恢复功能测试:检查系统在发生故障或数据丢失情况下是否能成功恢复数据。

系统安全漏洞检测与修复能力评估:使用专业的安全扫描工具对系统进行漏洞扫描,以验证并修复潜在的安全风险。

9.3.8　产品发布文档

(1) 舆情监测

我们的舆情处理产品具备强大的舆情监测功能,可以帮助您实时监测网络舆情,及时掌握公众对您的产品和服务的评价和反馈。通过监测主流媒体、社交媒体、论坛等平台,我们能够获取全面、准确的舆情信息,为后续的舆情分析和应对提供数据支持。

(2) 情感分析

情感分析是本产品的核心功能之一,通过自然语言处理和机器学习技术,对网络舆情进行情感倾向性分析,帮助您了解公众对您的品牌、产品或服务的态度和情感倾向。我们提供正面、负面、中性的情感标签,以及情感分数,让您更加直观地了解舆情状况。

(3) 危机预警

面对突发危机事件,及时准确的预警至关重要。本产品通过预设关键词和语义规则,实时监测网络舆情,一旦发现危机苗头,立即发出预警通知,为用户争取宝贵的应对时间,可以根据预警级别和具体情况,采取相应的应对措施,有效化解危机。

(4) 应对建议

基于舆情分析和情感分析结果,本产品为您提供针对性的应对建议,帮助制定合适的危机公关策略和信息发布策略。我们的专业团队将根据实际情况提供切实可行的建议,助力公司从容应对舆情危机,维护品牌形象。

(5) 案例库

为了更好地服务客户,我们整理了丰富的舆情应对案例库,涵盖不同行业和情境。可以通过案例学习,了解不同类型舆情的应对方式和技巧,提升自身的舆情应对能力,还将定期更新案例库,为用户提供最新、最全面的舆情应对参考。

(6) 培训服务

为提高您团队的舆情应对能力,我们还提供专业的培训服务。通过线上线下相结合的方式,我们为公司团队成员传授舆情监测、情感分析、危机应对等方面的知识和技能。通过培训,公司将培养一批具备专业舆情素养的团队成员,为您的企业保驾护航。

(7) 社交媒体管理

随着社交媒体的普及,其已成为企业形象展示和舆情应对的重要阵地。本产品提供社交媒体管理功能,帮助公司统一监测和管理多个社交媒体平台上的舆情信息,可以通过本产品实时掌握社交媒体上的品牌声誉和用户反馈,及时回应负面评论和投诉,维护良好的品牌形象。

(8) 数据分析报告

为了满足公司对数据分析和决策支持的需求,本产品提供定制化的数据分析报告。基于实时监测数据和历史数据,为公司生成详细的分析报告,包括舆情趋势、情感分布、热门话题等关键指标。通过数据可视化呈现,让您更直观地了解舆情状况,为决策提供有力支持。

练习题

1. 公司舆情分析内容不包括 ( )

A. 系统建设信息　　B. 公众看法

C. 行业内信息　　D. 竞争对手信息

2. 危机应对不包括 (　　)

A. 危机识别　　B. 危机建设

C. 危机评估　　D. 危机应对策略制定

3. 网络爬虫是 (　　)

A. 程序段或者脚本　　B. 病毒

C. 攻击手段　　D. 网络系统方法

4. SnowNLP 是 (　　)

A. 系统库　　B. 扫雪算法

C. 情感分析库　　D. 图像显示库

5. request 库是 (　　)

A. 邀请函数库　　B. 向量库

C. 画图库　　D. HTTP 客户端库

第 10 章

公司票据自动识别系统开发

学习目标

知识目标

- 了解公司票据管理的概念
- 了解为什么需要进行票据管理
- 了解如何应用 Python 识别票据
- 了解 Python 平台下如何保存票据数据

能力目标

- 能够收集票据数据
- 能够预处理票据数据
- 能够应用人工智能模型数据
- 能够运用票据识别方法帮助企业

素质目标

- 培养学生的发现问题、解决问题的能力
- 培养学生的数据隐私管理敏感性
- 培养学生正确分析事件、得出正确结论的能力

10.1 背景知识

公司票据是指由公司或其他机构出具的，用于证明公司与公司之间或公司与其他机构之间的交易、承诺或责任的书面凭证。这些凭证通常用于商业交易、财务结算、债务偿还等场合。

公司票据的形式和种类多种多样，包括但不限于以下几种。

(1) 商业发票：商业发票是公司在销售商品或提供服务时向客户出具的凭证，用于证明交易的详细信息，如商品名称、数量、价格、付款方式等。

(2) 收据：收据是公司在收到客户支付的款项时出具的凭证，用于证明公司已收到款项。

(3) 支票：支票是一种由银行或其他金融机构出具的书面凭证，用于支付款项。

(4) 汇票：汇票是一种由银行或其他金融机构出具的书面凭证，用于指示收款人接收款项。

(5) 本票：本票是一种由公司或其他机构出具的书面凭证，用于证明公司或其他机构已向特定收款人支付了款项。

在公司与其他机构或个人进行商业交易时，使用适当的公司票据非常重要。这些票据可以提供证据证明交易的合法性和有效性，有助于维护双方的权益和商业信誉。同时，使用公司票据也可以提高交易的透明度和追溯性，有助于减少欺诈和误解的风险。

如图 10－1 所示，现阶段某公司需要建立票据管理系统，对于所收集的票据数据，进行处理及分析，从而管理票据。因此，委托你所在软件开发公司开发相关系统。

图 10－1　票据管理系统，可以提高公司效率

你作为软件开发公司的技术员工，需要开发一套基于 Python 的票据管理系统。具体实施需求包括：

① 多种类型的数据收集。

② 采用人工智能模型进行自动化处理。

③ 针对处理结果进行展示。

④ 保存处理结果。

10.2 理论支撑

10.2.1 智能化票据识别

智能化票据识别是一种利用 OCR 技术，将纸质票据上的信息快速、准确地转化为电子格式的过程。这种技术可以帮助企业实现财务票据的自动化处理，提高工作效率，减少人力成本，并提高数据处理的准确性。

智能化票据识别的技术流程主要包括以下几个步骤。

(1) 图像预处理

对原始票据图像进行灰度化、二值化、去噪等操作，以提高图像质量和后续处理的准确性。

(2) 特征提取

利用图像处理技术提取票据中的关键信息，如文字、数字、符号等，以及它们的布局和排列特征。

(3) 分类和信息提取

根据提取的特征，利用机器学习算法对票据进行分类和信息提取。这一步可以识别出票据的类型、商家名称、交易金额等关键信息。

(4) 后处理

将提取的信息进行格式转换、存储、查询等操作，以便后续的数据处理和分析。

智能化票据识别系统可以广泛应用于企业的财务管理领域，如收据管理、发票处理、账单分析等。通过自动化处理大量的票据信息，企业可以大大提高工作效率，减少人为错误，并实现数据的集中管理和分析。同时，这种技术也有助于企业实现数字化转型，提升整体竞争力。然而，智能化票据识别技术也面临一些挑战，如复杂背景下的文字识别、手写体的识别、票据格式的多样性等。未来随着技术的不断进步和算法的优化，相信这些问题都将得到更好的解决。

10.2.2 手写字体识别

很多票据中可能存在手写字体。手写字体识别作为人工智能和计算机视觉领域的一个重要应用，面临着多方面的挑战，需要分析手写字体识别的难度，包括书写风格多变、笔画不规范、字体结构复杂、噪声和干扰因素、数据集规模与多样性、特征提取与分类器选择、硬件和软件资源限制以及实时性和准确性要求等方面。

（1）书写风格多变

手写字体识别的首要难点在于每个人的书写风格都是独一无二的。不同的书写风格包括笔画粗细、书写速度、笔迹连接等，这些因素都会影响到识别的准确性。此外，同一人在不同时间、不同情绪下的书写风格也可能发生变化。

（2）笔画不规范

与印刷体相比，手写体的笔画往往不规范，存在着大量的连笔、省略、变形等现象。这些不规范现象会导致识别算法难以准确提取出特征，从而影响识别的准确性。

（3）字体结构复杂

手写字体在结构上也相对复杂，特别是对于汉字等具有复杂结构的文字。不同的笔画组合方式、笔画间的相对位置关系等因素都会增加识别的难度。

（4）噪声和干扰因素

手写字体在形成过程中，往往受到纸张质量、墨水颜色、书写工具等多种因素的影响，导致图像中存在大量的噪声和干扰因素。这些因素会干扰识别算法对特征的提取和分类，从而影响识别的准确性。

（5）数据集规模与多样性

手写字体识别需要大量的训练数据来训练模型，然而在实际应用中，数据集往往存在规模不足和多样性不够的问题。规模不足会导致模型泛化能力不足，而多样性不够则会导致模型对未知样式的适应性降低。

（6）特征提取与分类器选择

手写字体识别的另一个难点在于特征提取和分类器的选择。有效的特征提取方法能够提取出反映手写字体本质的特征，而分类器的选择则需要根据数据的特性来进行。在实际应用中，如何选择合适的特征提取方法和分类器是一个具有挑战性的问题。

（7）硬件和软件资源限制

手写字体识别的实现需要依赖于一定的硬件和软件资源。然而在实际应用中，这些资源往往存在限制，如处理器性能、内存大小、算法复杂度等。这些限制会直接影响到识别算法的效率和准确性。

（8）实时性和准确性要求

手写字体识别往往需要在实时场景下应用，如手写输入、自动阅卷等。这些场景对识别的实时性和准确性都有较高的要求。如何在保证实时性的同时提高识别的准确性，是手写字体识别面临的又一难题。

综上所述，手写字体识别面临着多方面的挑战和难度。为了提高识别的准确性和效率，需要深入研究各种影响因素，并针对性地开展算法优化和技术创新。

10.3 实训案例:公司票据自动识别系统项目

10.3.1 需求分析

基于百度 API 的票据识别系统的需求分析主要包括以下几个方面。

(1) 识别准确性

票据识别系统的核心功能是识别票据信息,因此识别准确性是首要需求。百度 API 提供了强大的图像识别能力,可以满足高精度的票据识别需求。

(2) 处理速度

票据识别系统需要快速处理大量的票据图像,因此处理速度也是重要的需求之一。百度 API 具有高效的图像处理能力,可以满足实时处理的需求。

(3) 集成能力

票据识别系统需要与其他系统进行集成,实现数据的共享和协同工作。因此,系统需要具备强大的集成能力,能够与现有的系统无缝对接。

(4) 用户界面友好

用户界面是用户与系统交互的桥梁,因此用户界面需要友好、易用。系统需要提供简洁、直观的用户界面,方便用户进行操作和管理。

(5) 安全性

票据识别系统涉及企业重要信息,因此安全性是必须考虑的需求之一。系统需要采取严格的安全措施,确保数据的安全性和保密性。

(6) 可扩展性

随着业务的发展和变化,票据识别系统可能需要不断扩展和升级。因此,系统需要具备良好的可扩展性,能够适应未来的发展和变化。

综上所述,基于百度 API 的票据识别系统的需求分析主要包括识别准确性、处理速度、集成能力、用户界面友好、安全性和扩展性等方面。这些需求将指导系统的设计和开发,确保系统能够满足实际业务需求。

10.3.2 项目开发计划书

(1) 项目背景与目标

随着企业业务的快速发展,票据处理成为一项重要且繁重的工作。为了提高票据处理效率和准确性,降低人工操作成本,计划开发一款基于百度 API 的票据识别系统。该系统将实现对各类票据的自动识别、分类和信息提取,为企业财务和业务发展提供有力支持。

项目的主要目标包括：

提高票据处理效率和准确性。

降低人工操作成本。

提供实时的监控和预警功能。

实现与其他系统的集成和数据共享。

随着企业对财务和业务流程自动化的需求增加，票据识别市场呈现出快速增长的趋势。目前市场上已经存在一些票据识别软件，但大多数软件在识别准确性、处理速度等方面存在不足。因此，我们的产品将针对这些不足进行优化和改进，满足客户对高质量票据识别软件的需求。

(2) 需求分析

详见 10.3.1。

(3) 技术方案

采用百度 API 进行票据图像识别和处理；使用深度学习算法进行特征提取和分类；采用高可用性的系统架构设计，确保系统的稳定性和扩展性。

(4) 系统架构设计

数据层：负责存储和处理各类票据图像和相关信息。

业务层：负责实现系统的核心功能，包括票据识别、分类和信息提取等。

用户界面层：负责提供简洁易用的用户界面，方便用户进行操作和管理。

(5) 开发计划与时间表

项目启动阶段(1 个月)：明确项目目标、需求和范围；组建项目团队。

制定项目计划系统设计阶段(2 个月)：完成系统架构设计、功能模块划分；编写技术文档。

系统开发阶段(6 个月)：按照设计文档进行编码、测试和调试；完成系统集成和联调。

系统测试阶段(1 个月)：进行系统测试、性能测试和安全测试，修复发现的问题。

上线运行阶段(1 个月)：完成系统部署和上线运行，提供培训和技术支持。

(6) 测试与上线

在系统开发过程中，进行单元测试、集成测试和功能测试。在系统测试阶段，进行性能测试、安全测试和压力测试。在上线运行阶段，提供 7×24 小时的技术支持和服务保障。

(7) 运营与维护

对系统进行持续监控和维护，确保系统安全稳定运行。根据用户反馈和系统运行情况，及时进行系统升级和缺陷修复。定期进行数据备份和灾难恢复演练，确保系统安全稳定运行。

(8) 风险评估与对策

技术风险：针对可能出现的自然语言处理技术难题，我们将加强技术研究和培训，提高技术水平，同时及时跟进技术的发展和应用，不断优化和完善系统。

市场风险：针对可能出现的市场竞争压力和市场变化，我们将加强市场调研和分析，同时灵活调整产品策略和市场策略。

安全风险：针对可能出现的系统安全问题，我们将加强系统安全防护措施，同时建立完善的安全管理制度和技术支持体系。

人力资源风险：针对可能出现的团队成员流动和技术人才短缺问题，我们将加强团队建设和人才培养，同时积极寻求外部合作和支持。

法律风险：针对可能出现的法律纠纷和知识产权问题，我们将加强法律意识和合同管理，同时积极寻求专业法律机构的支持和帮助。

10.3.3 前端实现

总接口程序如下。

```
# 先导入 tkinter,sys,re 库
from tkinter import*
from tkinter import messagebox as msgbox
import sys
import re
# 这是自定义的模块，调用 selectfile.py 文件里的 select_folder 函数。
from selectfile import select_folder
# 这里定义一个 Tking 类
class Tkinterface(object):
    # 初始化
    def __init__(self):
        self.win=Tk()
    # 定义函数来获取数据内容
    def read_zhanghao(self):
        with open('zhanghao.txt','r')as f:
            file=f.read()
```

```
        return file
# 定义函数来实现“登录”按钮的功能
def denglu(self):
    # 调用函数获取账号信息
    data=self.read_zhanghao()
    # 获取用户输入的信息
    user=self.username.get()
    password=self.password.get()
    # 使用正则得到我们想要的数据
    user_real=re.findall(r'账号:(.*\d?)',data)
    password_real=re.findall(r'密码:(.*\w?)',data)
    # 对用户的数据和账号,与保存的信息数据进行对比
    for i in range(len(user_real)):
        if user==user_real[i] and password==password_real[i]:
            # 选择需要智能识别的文件夹
            path=select_folder()
            break
    else:
        msgbox.showinfo('账号或者密码错误!')
# 定义返回函数,使用“返回”按钮的功能
def fanhui(self):
    self.winz.destroy()
# 定义离开函数,使用“离开”按钮的功能
def likai(self):
    self.winc.destroy()
# 定义函数,实现注册功能
def zhuce(self):
    # 获取用户输入的数据
    username1=self.username1.get()
    password1=self.password1.get()
    password2=self.password2.get()
    if self.username=='admin':
```

```
            if password1=="or password2==":
                return msgbox.showerror('密码不能为空!')
            # 判断用户输入的数据
            if password1 !=password2:
                msgbox.showerror('两次密码不一致!')
            else:
                with open('zhanghao.txt','a')as file:
                    file.write('账号:')
                    file.write(username1+'\n')
                    file.write('密码:')
                    file.write(password2+'\n')
                msgbox.showinfo('注册成功!')
                self.winz.destroy()
        else:
            return msgbox.showerror('无权限')
    # 定义函数实现"注册"按钮的功能
    def regist(self):
        # 实现注册窗口
        self.winz=Tk()
        self.winz.geometry("300×300")
        self.winz.title("注册窗口")
        # 定义输入框
        self.username1=Entry(self.winz)
        self.password1=Entry(self.winz)
        self.password2=Entry(self.winz)
        self.username1.place(x=120,y=30)
        self.password1.place(x=120,y=80)
        self.password2.place(x=120,y=130)
        # 定义标签
        zhuce1=Label(self.winz,text="用户名:",font=('宋体',15),width=10)
        zhuce1.place(x=1,y=30)
```

```
        zhuce2=Label(self.winz,text="输入密码:",font=('宋体',15),width=10)
        zhuce2.place(x=1,y=80)
        zhuce3=Label(self.winz,text="确认密码:",font=('宋体',15),width=10)
        zhuce3.place(x=1,y=130)
        # 定义按钮
        button0=Button(self.winz,text="返回",font=('宋体',15),width=10,
command=self.fanhui)
        button0.place(x=180,y=180)
        button1=Button(self.winz,text="注册",font=('宋体',15),width=10,
command=self.zhuce)
        button1.place(x=50,y=180)
        # 窗口运行
        self.winz.mainloop()
    # 用户控制界面
    def control(self):
        # 实现窗口
        self.winc=Tk()
        self.winc.geometry("300×300")
        self.winc.title("控制界面")
        button0=Button(self.winc,text="使用",font=('宋体',15),width=10,
command=self.denglu)
        button0.place(x=100,y=50)
        button1=Button(self.winc,text="离开",font=('宋体',15),width=10,
command=self.likai)
        button1.place(x=100,y=100)
        tishi2=Label(self.winc,text="请联系 admin 进行注册:",font=('宋体',
15),width=20)
        tishi2.place(x=50,y=170)
        button2=Button(self.winc,text="注册",font=('宋体',15),width=10,
command=self.regist)
        button2.place(x=100,y=200)
```

```
    # 定义函数,创建窗口
    def windows(self):
        self.win.geometry("300×200")
        self.win.title("登录")
        # 设置按钮
        self.username=Entry(self.win)
        self.password=Entry(self.win)
        self.username.place(x=110,y=25)
        self.password.place(x=110,y=75)
        # 设置标签,实现在窗口上打印"用户名:"等
        Label1=Label(self.win,text="用户名:",font=('宋体',15),width=10)
        Label1.place(x=1,y=20)
        Label2=Label(self.win,text="密码:",font=('宋体',15),width=10)
        Label2.place(x=1,y=70)
        # 设置按钮
        button1=Button(self.win,text="登录",font=('宋体',15),width=10,
command=self.control)
        button1.place(x=20,y=110)
        # 窗口运行
        self.win.mainloop()
# 调用类
if __name__=='__main__':
    tk=Tkinterface()
    tk.windows()
```

如果运行成功,将出现如图 10-2 所示的窗口。

系统默认用户名为'admin',密码设置为'0',可以在同一目录下,建立 zhanghao.txt 文件,文件中如图 10-3 所示,写入账号和密码信息。只有 admin 账号才有注册权限。

随后,进入如图 10-4 所示界面,是用户的控制面板界面。

如果是 admin 账号,可进行注册账号操作,点击'注册'按钮之后,进入如图 10-5 所示界面,输入信息进行注册,两次输入的密码要一样。

图 10－2　接入窗口　　　　图 10－3　默认的管理员账号及密码

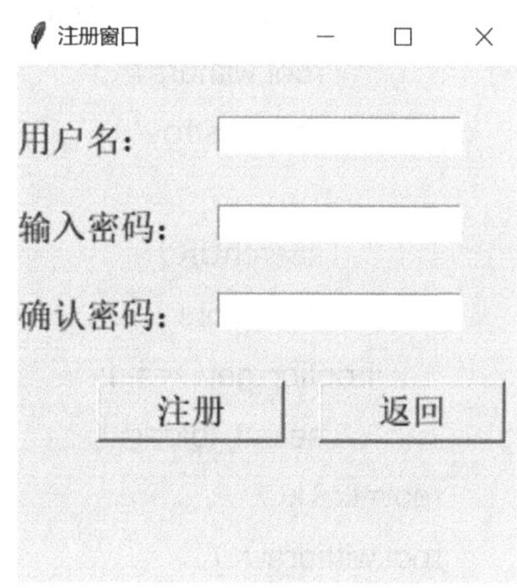

图 10－4　用户控制面板界面　　　　图 10－5　用户注册界面

如果在图 10－4 界面上点击'离开'按钮，则返回到如图 10－2 所示的界面。如果点击'使用'，则出现如图 10－6 所示界面，用于选择需要智能是别的图片所在文件夹，选择之后，系统自动识别文件，并将结果保存到数据。程序如下，文件名建议保存为 selectfile. py，方便其他程序调用。

```
# 导入第三方库
import tkinter as tk
from tkinter import filedialog
# 这是自定义的模块，调用 detectAPI.py 文件里的 detect_API 函数
from detectAPI import detect_API
# 这是自定义的模块，调用 search_UI 文件里的 searchUI 函数
```

```
from search_UI import searchUI
# 选择文件夹
def select_folder():
    selected_path=None
    def select_folder():
        nonlocal selected_path
        folder_path=filedialog.askdirectory()
        if folder_path:
            selected_path=folder_path
            detect_API(selected_path)
            root.withdraw()
            root.destroy()

            searchUI()
    def select_option():
        if option.get()==1:
            select_folder()
    root=tk.Tk()
    root.withdraw()
    option=tk.IntVar()
    label=tk.Label(root,text="需要识别的文件在哪里:")
    label.pack()
    folder_button=tk.Radiobutton(root,text="选择文件夹",variable=option,
value=2,command=select_folder)
    folder_button.pack()
    root.deiconify()  # 显示窗口
    root.mainloop()
    return selected_path
if __name__=='__main__':
    path=select_folder()
    print(path)
```

在图 10－4 中点击使用之后，出现如图 10－6 所示界面。

图 10－6　选择需要智能识别的图片所在文件夹

在图 10－7 中选择文件夹之后，将智能识别所在文件夹中所有图片，将结果保存到数据库中。

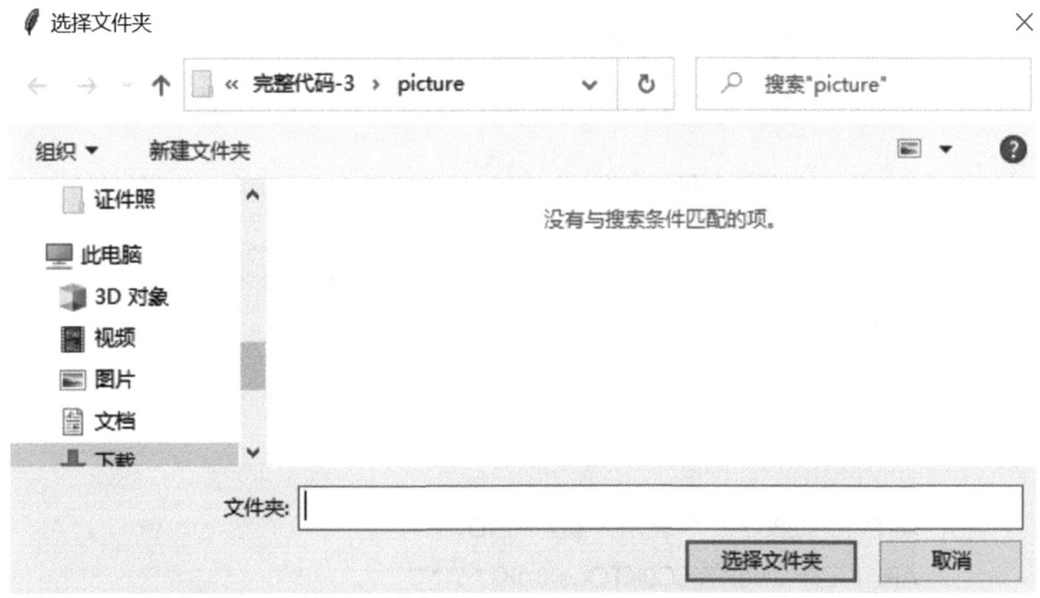

图 10－7　点击选择文件夹之后，智能识别

10.3.4 图片文字识别方法优化

调用百度API智能识别的程序如下，文件名保存为detectAPI.py，方便其他程序调用：

```
import glob
from os import path
import os
from aip import AipOcr
from PIL import Image
# 这是自定义的模块，调用 add_database.py 文件里的 add_data 函数
from add_database import add_data
# 调整图片大小，对于过大的图片进行压缩
def resize_img(picfile,outdir):

    img=Image.open(picfile)
    width,height=img.size
    while(width*height>4000000):  # 该数值压缩后的图片大约两百多 k
        width=width//2
        height=height//2
    new_img=img.resize((width,height),Image.BILINEAR)
    new_img.save(path.join(outdir,os.path.basename(picfile)))

def function_OCR(picfile,outfile):
    """利用百度 api 识别文本，并保存提取的文字
    picfile:    图片文件名
    outfile:    输出文件
    """
    filename=path.basename(picfile)

    APP_ID='2868****' # 刚才获取的 ID，下同
    API_KEY='DvoK7s6C9KTOocXrqK******'
```

```
    SECRECT_KEY='W4EWztxaDTYY9sfLORVT5ofK******'
    client=AipOcr(APP_ID,API_KEY,SECRECT_KEY)

    i=open(picfile,'rb')
    img=i.read()
    print("正在识别图片:\t"+filename)
    message=client.basicGeneral(img)
    print("识别成功!")
    i.close();
    tempstr=''
    with open(outfile,'a+') as fo:
        fo.writelines("+"* 60+'\n')
        fo.writelines("识别图片:\t"+filename+"\n"*2)
        fo.writelines("文本内容:\n")
        # 输出文本内容
        if message.get('words_result')!=None:

            for text in message.get('words_result'):
                fo.writelines(text.get('words')+'\n')
                tempstr+=text.get('words')+'\n'
            # print(tempstr)
        fo.writelines('\n'*2)
    print("文本导出成功!")
    return tempstr

# 智能识别程序
def detect_API(select_file):
    print(select_file)
    outfile='export.txt'
    outdir='tmp'
    # 连接数据库
    database_name='result.db'
```

```
    # 检查文件路径是否存在
    if path.exists(outfile):
        os.remove(outfile)
    if not path.exists(outdir):
        os.mkdir(outdir)
    print("压缩过大的图片...")
    picfile_all=[ ]
    tempstr_all=[ ]
    # 对图片进行预处理,进行压缩
    for picfile in glob.glob(select_file+"/* "):
        picfile_all.append(picfile)
        resize_img(picfile,outdir)
    # 对压缩后的文件进行识别
    for picfile in glob.glob("tmp/* "):
        tempstr=function_OCR(picfile,outfile)
        tempstr_all.append(tempstr)
        os.remove(picfile)
    # 将结果保存到数据库当中
    for i in range(len(picfile_all)):
        add_data(database_name,picfile_all[i],tempstr_all[i])
    print('图片文本识别完成! 结果保存到数据库当中。')
if __name__=="__main__":
    detect_API('picture')
```

PIL(Python Imaging Library)是 Python 中用于图像处理的库。它提供了许多用于图像处理和编辑的功能,包括图像的读取、编辑、保存和显示等。以下是使用 PIL 进行图像处理的示例代码:

```
from PIL import Image
# 打开图像文件,可以是多种格式
img=Image.open('图像.jpg')
# 显示图像大小和格式,可以做对比
```

```
print(img.size,img.format)
# 调整图像大小
img_resized=img.resize((100,100))
# 显示图片
img_resized.show()
# 旋转图像
img_rotated=img.rotate(45)
img_rotated.show()

# 裁剪图像
img_fixed=img.crop((100,100,200,200))
img_fixed.show()

# 应用滤镜效果
img_filter=img.filter(Image.BLUR)
img_filter.show()
```

以上代码中,我们首先使用'Image. open()'函数打开一个图像文件,然后使用 resize()函数调整图像大小,使用 rotate()函数旋转图像,使用 crop()函数裁剪图像,并使用 filter()函数应用滤镜效果。最后使用 show()函数显示处理后的图像。

10.3.5　后端实现

后端程序主要为数据库建立及调用,并且显示数据库内容。首先,需要建立数据,其程序如下。

```
# 导入第三方库
import sqlite3
conn=sqlite3.connect('result.db')
cur=conn.cursor()
# 建表的 sql 语句
sql_text_1='''CREATE TABLE text_result
            (文件名 TEXT,
```

```
            结果 TEXT);'''
    # 执行 sql 语句
    cur.execute(sql_text_1)
```

然后，就可以创建 add_database.py 文件，定义 add_data 函数，从而方便其他程序调用，其程序如下。

```
import sqlite3
# 往数据库填写智能识别结果
def add_data(database_name,folder,text):
    conn=sqlite3.connect(database_name)
    cur=conn.cursor()
    folder1=folder
    text1=text
    sql_text_2="INSERT INTO text_result VALUES('"+folder1+"','"+text1+"')"
    cur.execute(sql_text_2)
    conn.commit()
```

在图 10-7，选择文件夹之后，开始智能识别，结束之后出现如图 10-8 所示界面，用于查询结果，可以模糊搜索，也可以直接点击'查询'，显示所有结果。

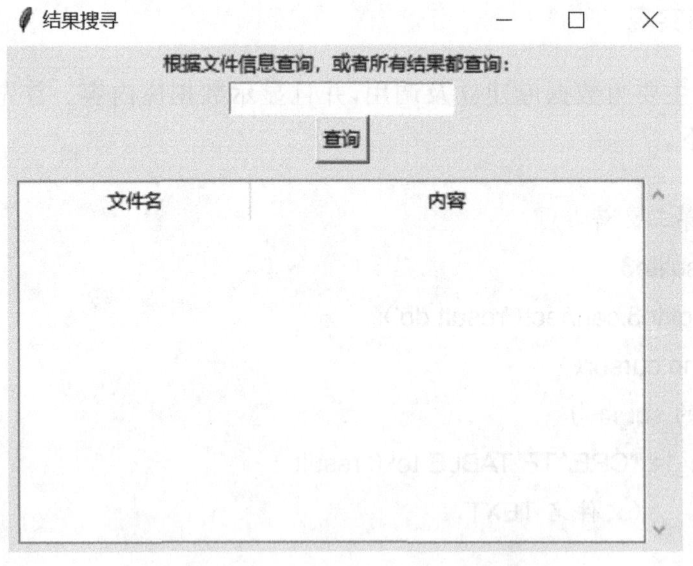

图 10-8　连接数据库，显示智能识别结果

SQLite 是一个轻量级的数据库，它在单个磁盘文件中存储数据。Python 的 sqlite3 模块提供了一个接口，允许 Python 程序使用 SQLite 数据库。以下是一个简单的示例，展示如何使用 sqlite3 模块创建一个数据库，并在其中创建一个表：

```
import sqlite3

# 连接到 SQLite 数据库，如果数据库不存在，则创建它
conn=sqlite3.connect('example.db')

# 创建一个 Cursor 对象并调用其 execute()方法来执行 SQL 命令
c=conn.cursor()

# 创建一个名为"users"的表
c.execute('''CREATE TABLE workers(id INTEGER PRIMARY KEY, name
TEXT, email TEXT)''')

# 插入一些数据
c.execute("INSERT INTO users VALUES(1,'Zhang','Zhang@mail.com')")
c.execute("INSERT INTO users VALUES(2,'Li','bob@mail.com')")

# 提交事务
conn.commit()

# 查询数据
c.execute("SELECT* FROM workers")
rows=c.fetchall()
for row in rows:
    print(row)

# 关闭连接
conn.close()
```

在上面的示例中，我们首先连接到 SQLite 数据库（如果它不存在，则创建它）。然

后，我们创建一个Cursor对象并使用它的execute()方法来执行SQL命令。在这个例子中，我们创建了一个名为"users"的表，并插入了一些数据。最后，我们查询了表中的所有数据并打印了它们。最后，我们关闭了数据库连接。

10.3.6 系统运行及测试

基于百度API的票据识别系统的运行及测试主要包括以下步骤。

(1) 系统运行

部署环境：确保服务器、网络等基础设施满足系统运行要求，安装必要的软件和工具。

配置参数：根据系统需求和百度API的使用指南，配置相应的参数，如API密钥、识别类型等。

启动服务：启动票据识别系统的服务，确保系统正常运行。

(2) 系统测试

功能测试：对系统的各个功能模块进行测试，确保功能正常、稳定。

性能测试：对系统进行压力测试，模拟大量票据图像的处理场景，检查系统的处理速度和稳定性。

兼容性测试：主要测试开发的功能在不同平台或者操作系统下，都可以使用。如果用到浏览器，则在不同浏览器下也需要检测兼容性，确保系统在不同环境下都能正常运行。

安全性测试：对系统的安全性进行测试，包括数据加密、权限管理等，确保系统数据的安全性。

(3) 问题排查与修复

在测试过程中，可能会发现一些问题或缺陷。针对这些问题，需要进行详细的分析和排查，找出问题的原因，并进行修复。修复后，需要进行回归测试，确保问题已经得到解决，不会对系统造成影响。

(4) 持续优化与升级

基于百度API的票据识别系统是一个持续优化的过程。随着业务的发展和技术的进步，可能需要不断对系统进行优化和升级。在升级过程中，需要确保系统的稳定性和兼容性，同时不断引入新的功能和技术，提高系统的性能和用户体验。

总之，基于百度API的票据识别系统的运行及测试是一个持续的过程，需要不断进行优化和改进，确保系统的稳定性和性能满足业务需求。

10.3.7　产品发布文档

（1）产品概述

公司票据自动识别综合项目产品是一款高效、准确的票据信息识别和处理工具。通过使用该产品，用户可以快速、准确地获取票据中的关键信息，提高处理效率，降低人工错误率。

该产品适用于各种行业和场景，能够帮助用户优化财务管理，提高工作效率。

（2）技术特点

智能识别：采用先进的图像识别和自然语言处理技术，实现对票据信息的自动识别和提取。

多场景支持：支持多种类型的票据，如增值税发票、普通发票、收据等，满足用户在不同场景下的需求。

高精度识别：采用深度学习算法，实现对票据信息的精准识别，降低误识率。

高效处理：支持批量处理和高速扫描，大幅提高信息提取和处理效率。

（3）功能介绍

自动识别：自动识别票据类型，提取关键信息，如金额、日期、开票单位等。

手动校验：支持手动校验和编辑识别结果，确保信息准确性。

数据导出：支持导出识别结果为 Excel、CSV 等格式，方便用户进行数据分析和处理。

智能提醒：根据用户设置，智能提醒到期付款、索取发票等事项。

多平台支持：支持 PC、手机等多平台使用，方便用户随时随地处理票据。

（4）用户界面

产品采用简洁、直观的用户界面，方便用户快速上手。主界面包括以下功能模块。

显示模块：显示识别的结果和处理流程。

功能模块：提供手动校验、数据导出等功能选项。

设置模块：提供票据类型、提醒设置等个性化设置选项。

（5）安装与配置

安装环境：Windows 7 及以上操作系统，内存 4 GB 及以上。

安装步骤：双击安装包，按照提示进行安装。

配置步骤：运行软件后，根据向导进行配置即可。

练习题

1. 以下不属于公司票据类型的是 （ ）
   A. 商业发票　B. 支票　C. 会议记录　D. 本票
2. 以下不属于图像预处理过程的是 （ ）
   A. 灰度化　B. 二值化　C. 系统化　D. 去噪
3. 以下导致手写字体识别难度提升的原因是 （ ）
   A. 书写规整　B. 书写完整　C. 笔画规范　D. 风格多变
4. 以下对 PIL 库描述正确的是 （ ）
   A. 图像处理的库　B. 系统函数　C. 输入系统　D. 系统命令
5. 以下对 SQLite 描述正确的是 （ ）
   A. 数据库　B. 系统库　C. 输入库　D. 转换库

第11章

顾客评价情感分析系统开发

学习目标

知识目标

- 理解情感分析基本概念
- 熟悉 NLP 工具
- 了解情感分析所使用的分类算法

能力目标

- 构建一个情感分析模型
- 掌握情感词汇库的应用
- 掌握数据清洗、分词等文本预处理技巧

素质目标

- 团队合作
- 创新思维
- 沟通能力
- 问题解决能力

11.1 背景知识

情感分析，又被称为情感检测或意见挖掘，是一种在文本或语音中识别并理解情感信息的技术。它不仅仅能检测情感极性（积极、消极、中性），还可以深入挖掘情感的复杂性，如愤怒、喜悦、失望等。

情感分析技术在商业和社交媒体领域得到广泛应用。企业利用情感分析来了解顾客对产品、服务或事件的感受，进而调整业务策略。

（1）重要性与应用场景

产品改进：通过分析顾客的情感反馈，企业能够识别产品或服务的优势和不足，从而有针对性地改进产品设计和服务质量。

品牌声誉管理：在社交媒体时代，用户的评价对品牌形象有直接影响。情感分析有助于企业及时了解用户反馈，回应负面情感，维护品牌声誉。

市场趋势分析：通过对大规模文本数据的情感分析，企业可以洞察市场趋势，预测产品受欢迎程度，优化市场推广策略。

（2）情感分析方法

机器学习方法：情感分析常使用机器学习算法，如朴素贝叶斯、支持向量机（SVM）、深度学习等。这些方法能够从数据中学习情感表达的模式，并作出预测。

情感词汇库：构建情感词汇库是一种基于词汇匹配的方法，通过识别文本中的情感词汇来判断情感。

（3）项目目标与挑战

目标：该项目的主要目标是建立一个高效准确的情感分析模型，以帮助企业深入理解顾客情感，并为业务决策提供依据。

挑战：项目需要解决文本中的语境问题，应对多义性，以及适应不同领域和行业的情感表达差异。

（4）技术工具与框架

NLP：利用 NLP 技术进行文本预处理、分词、词性标注等，为情感分析提供基础。

机器学习框架：项目可能使用 Scikit-learn、TensorFlow 或 PyTorch 等框架搭建情感分析模型。

（5）伦理与隐私考虑

用户隐私：在处理用户评论等敏感信息时，项目必须遵循相关隐私法规，确保用户信息的安全性。

偏见与公平性：为确保模型的公平性，项目需注意避免偏见，特别是对不同群体用户的情感评价。

11.2 理论支撑

11.2.1 情感词典

情感词典是一个包含词汇及其对应情感倾向的词汇库。每个词汇都标注有情感极性，通常分为正向、负向和中性。这种词典为情感分析提供了基础，可以用于判断文本中的情感表达。情感词典的主要组成部分有以下几方面。

① 词汇表：包含大量词汇，每个词汇都与其情感属性相关联。这些词汇可以是单个词语，也可以是短语。

② 情感极性：每个词汇都被标注为正向、负向或中性，反映了该词在情感倾向上的取向。

③ 强度标注：一些情感词典还可能包含词汇的强度标注，表示情感的强弱程度。

情感词典的产生过程：

① 手动标注：人工标注是一种创建情感词典的方式。专业的标注员会为每个词汇分配适当的情感标签。这需要一定的专业知识和时间。

② 自动构建：利用机器学习和自然语言处理技术，可以从大规模文本数据中自动构建情感词典。这包括以下步骤：

第一步　语料库收集：收集包含标注情感的语料库，这可以是从社交媒体、新闻、评论等多种来源中抓取的文本数据。

第二步　情感标注：利用情感标注工具或情感分析模型，对语料库中的文本进行情感标注。这为每个词汇赋予了情感属性。

第三步　筛选和校正：通过算法筛选和人工校正，排除一些可能误标的情感词，确保词典的准确性。

第四步　建立词汇关联：基于语料库中的上下文信息，构建词汇之间的关联关系，以更好地捕捉词汇的语境信息。

第五步　词汇扩展：利用同义词、反义词等知识，扩展词汇库，使其更加全面。

应用情感词典的场景：

① 情感分析：用于判断文本的整体情感倾向，包括正向、负向或中性。

② 文本挖掘：在大规模文本数据中挖掘情感信息，了解用户对产品、服务或事件的看法。

③ 社交媒体分析：用于监测社交媒体上用户的情感表达，帮助企业了解公众对其品牌的态度。

④ 舆情监控：通过分析新闻报道、评论等，了解社会舆论的情感走向。

情感词典在情感分析领域发挥着重要的作用，但也需要不断更新和优化，以适应不断变化的语言使用和文本背景。

11.2.2　词性标注和命名实体识别

(1) 词性标注

词性标注是自然语言处理中的一项基础任务，其目标是为文本中的每个词汇确定其所属的词性类别。词性表示了词汇在句子中的语法角色，包括名词、动词、形容词、副词等。这项任务对于理解句子的语法结构和进行语义分析非常重要。

词性标注的方法和技术有以下几种。

① 基于规则：制定一系列规则，根据词汇的形态、位置和上下文等信息来确定词性。这种方法依赖于语法规则的手动定义。

② 基于统计：利用大量标注好的语料库，通过统计学习方法（如隐马尔可夫模型）学习词汇和其对应词性之间的概率分布。这种方法适用于大规模数据，可以自动学习语法和语义规律。

③ 深度学习方法：利用深度学习技术，如循环神经网络（RNN）或长短时记忆网络（LSTM），对句子中的词汇进行序列标注，预测每个词的词性。

(2) 命名实体识别

命名实体识别是从文本中识别和分类命名实体的任务。命名实体通常包括人名、地名、组织名、日期、时间、百分比等专指某一类实体的词汇。

命名实体识别的方法和技术有以下几种。

① 规则驱动方法：基于预定义的规则，如词汇列表、正则表达式等，来标识和提取命名实体。这种方法适用于特定领域或语言。

② 基于统计学习：利用机器学习算法，如条件随机场（CRF）或 SVM，使用标注好的语料库训练模型，预测每个词汇是否属于命名实体。

③ 深度学习方法：使用深度学习技术，如 CNN 或双向长短时记忆网络（BiLSTM），对文本进行序列标注，识别和分类命名实体。

(3) 应用领域和重要性

① 搜索引擎优化：通过理解文本中的命名实体，搜索引擎可以提供更准确的搜索结果。

② 信息抽取：从大量文本中抽取有关具体实体的信息，帮助构建知识图谱。

③ 自然语言理解：提升机器对文本的理解能力，更好地处理用户的自然语言查询。

④ 智能问答系统：识别问题中的命名实体，有助于更准确地回答用户的问题。

词性标注和命名实体识别是 NLP 中的两个基础任务，对于构建更高级的自然语言处理系统具有重要作用。深度学习的发展为这两项任务带来了更高的性能和泛化能力。

(4) 二者相互关系

① 标注体系

词性标注和 NER 通常使用国际通用的标注体系，以便于交流和应用。通用词性标注集（如 Universal POS Tagset）和通用命名实体标注集（如 Universal Named Entity Tagset）是常见的选择。

② 上下文信息

为了更好地理解每个词汇的语法和语义信息，这两个任务都注重考虑每个词汇在上下文中的语境。深度学习模型通过学习更长范围的上下文信息，能够更全面地把握文本的语境。

③ 特征抽取

在传统方法中，利用词汇、前缀后缀、词形变化等特征帮助模型理解词汇的语法和语义。深度学习模型则能够自动学习这些抽象特征，减轻了手工特征工程的负担。

这些方法为处理自然语言中的词性标注和命名实体识别问题提供了多样化的选择，让研究者和开发者能够根据任务的需求选择最适合的方法。

11.3 实训案例：顾客评价情感分析系统项目

11.3.1 需求分析

(1) 项目背景与目标

随着互联网的发展，顾客评价在各行业中变得愈发重要。通过分析顾客评价，企业可以了解产品或服务的优劣，改进经营策略，提高用户满意度。因此，开发一个能够自动分类顾客评价情感的项目对企业具有重要价值。本项目的目标有以下几个方面。

① 自动对顾客评价进行情感分类，包括正面、负面和中性。

② 提高企业对顾客反馈的实时了解能力。

③ 为企业提供决策支持，改进产品和服务。

④ 提升用户体验，加强企业与用户的互动。

(2) 功能需求

① 支持中文和英文的顾客评价文本情感分析。

② 能够处理包括商品评价、服务评价等多种类型的顾客反馈。

③ 提供情感分析结果的可视化展示,以便企业直观了解用户反馈情感分布。

④ 具备实时处理大规模评价数据的能力,支持高并发性能。

(3) 数据需求

收集并标注包含正面、负面和中性情感的训练数据集。

数据集要具有多样性,覆盖不同行业、产品和服务。

保证数据集的平衡性,避免偏向某一类情感。

(4) 技术需求

选择合适的自然语言处理(NLP)工具和框架,如 NLTK、spaCy、TensorFlow 等。

考虑使用预训练的语言模型,如 BERT、GPT 等,以提高情感分析的准确性。

需要开发一个可扩展的系统,支持后续集成新的情感分析模型。

(5) 安全与隐私

保障顾客评价数据的隐私,确保合法合规的数据使用。

针对敏感信息采取数据脱敏等措施,防止信息泄露。

(6) 可拓展性

考虑到未来业务发展,设计系统的可拓展性,以适应更多业务场景和数据类型。

(7) 用户界面

开发用户友好的界面,方便企业管理人员查看和分析情感分析结果。

提供用户反馈机制,帮助优化系统性能和模型准确性。

(8) 项目交付

提供完整的项目文档,包括需求分析文档、技术文档、用户手册等。

在项目交付后,提供一定的技术支持和培训,确保企业人员能够正确使用和维护系统。

11.3.2　项目开发计划书

(1) 项目背景与目标

随着数字时代的到来,用户对产品和服务的评价通过各种渠道呈现,其中包括社交媒体、在线评论等。为了更好地理解用户情感倾向,提高企业对市场的敏感度,本项目旨在开发一套顾客评价情感分析系统,能够自动分析用户的情感反馈,为企业提供及时而准确的反馈信息。

本项目的目标是:

① 开发一套自动分类顾客评价情感的系统，包括正面、负面和中性情感。

② 提供实时、可视化的用户情感反馈数据，支持企业及时调整经营策略。

③ 提高企业对用户满意度的关注和响应能力，优化产品和服务。

④ 构建一个稳定、高性能的系统，能够应对大规模的用户评价数据。

(2) 需求分析

详见 11.3.1。

(3) 项目计划

第 1 阶段：项目准备(1 个月)

① 确定项目团队成员，明确各自职责和角色。

② 收集并整理相关领域的文献和研究成果，为系统设计提供理论基础。

③ 完成项目需求分析，明确项目的具体目标和功能。

第 2 阶段：技术选型与系统设计(2 个月)

① 评估和选择适用于情感分析的 NLP 工具和框架。

② 确定系统架构，包括模型选择、数据流程和用户界面设计。

③ 制定详细的技术规范，明确开发流程和任务分工。

第 3 阶段：模型训练与优化(3 个月)

① 收集并标注大量的分类训练数据，确保数据集的多样性和平衡性。

② 开始模型训练，使用预训练的语言模型或自定义模型。

③ 不断优化模型性能，提高情感分析的准确性和泛化能力。

第 4 阶段：系统开发与集成(4 个月)

① 搭建系统核心模块，包括数据处理、模型集成和结果展示。

② 开发用户友好的界面，以便企业管理人员能够轻松查看和分析分类结果。

③ 集成反馈机制，方便系统迭代和性能优化。

第 5 阶段：系统测试与优化(2 个月)

① 进行系统功能测试、性能测试和安全性测试。

② 根据测试结果进行系统优化，解决可能出现的问题和漏洞。

③ 提供用户培训，确保企业人员能够熟练使用系统。

第 6 阶段：项目交付与支持(1 个月)

① 提供完整的项目文档，包括需求文档、技术文档和用户手册。

② 进行项目交付，确保系统顺利上线并投入使用。

③ 提供一定时期的技术支持和维护服务，确保系统的稳定运行。

(4) 风险与挑战

① 数据质量和多样性的保障。

② 模型性能和泛化能力的提升。

③ 用户界面的友好性和易用性。

(5) 预期成果

① 成功开发一套情感分类系统，满足企业的业务需求。

② 提供用户满意的用户界面和可视化反馈。

③ 为企业提供实时的用户情感反馈数据，支持决策和优化。

(6) 项目评估

通过用户满意度调查、系统性能监测和实际业务效果评估等方式，对项目进行全面评估，优化和改进系统。

以上是顾客评价情感分类项目的初步计划，具体实施中可能根据实际情况进行进一步调整和细化。

11.3.3　实施及测试方案制定

(1) 项目实施方案

① 数据采集与清洗

目标：精准收集顾客评价数据，确保数据质量，为情感分析模型提供可靠的训练样本。

步骤：制定详细的数据采集计划，包括数据源选择、抓取频率和数据格式规范。

设计数据清洗流程，处理缺失值、异常值、重复数据，确保数据一致性。

② 情感分析模型构建

目标：建立高效准确的情感分析模型，能够对顾客评价进行情感划分。

步骤：

选择合适的深度学习架构，如 CNN 或 RNN。

划分训练集、验证集和测试集，进行模型训练，优化模型参数以提升性能。

③ 用户反馈平台建设

目标：提供用户友好的反馈平台，方便用户提交评价并查询情感分类结果。

步骤：

设计直观友好的用户界面，考虑易用性和用户体验。

实现用户反馈提交功能，支持文本输入和额外附加信息。

④ 多维度分析和可视化报告

目标：企业提供深度洞察，通过多维度分析和可视化呈现顾客情感数据。

步骤：

实现多维度数据分析功能，支持按时间、产品类别等维度的灵活筛选。

设计清晰直观的图表和报告,以帮助企业深入理解用户情感反馈。

(2) 测试方案制定

① 模型性能测试

目标:评估情感分析模型的准确性、召回率和精确度。

步骤:

使用独立测试集对模型性能进行全面评估。

模拟实际应用场景,检验模型对不同行业和产品的适应性。

② 用户界面测试

目标:确保用户界面功能正常,提供用户友好的体验。

步骤:

进行功能测试,验证用户界面各项操作是否正常。

进行用户体验测试,收集用户反馈,优化界面设计。

③ 反馈平台测试

目标:验证用户反馈平台的稳定性和实时性。

步骤:

模拟大量用户同时提交评价,测试平台稳定性。

测试平台实时性,确保用户及时获取情感分析结果。

④ 多维度分析和可视化报告测试

目标:确保多维度分析和可视化报告的功能符合预期。

步骤:

进行多维度分析功能测试,确保支持多种数据筛选。

生成图表和报告,检查可视化效果,确保结果清晰易懂。

⑤ 安全性测试

目标:保障用户数据的隐私安全,防范潜在风险。

步骤:

进行数据传输和存储的安全性测试。

检查系统访问权限控制机制,预防未授权访问。

(3) 测试验收与优化

目标:在测试完成后进行全面验收,及时优化项目。

步骤:

进行整体验收测试,确保项目各项功能正常运行。

根据用户和测试团队的反馈,进行必要的调整和优化。

通过严谨的实施和测试方案,确保顾客评价情感分析项目顺利推进,为企业提供准确的用户反馈分析服务。

11.3.4 情感分析任务公开数据集

当进行情感分析任务时，选择合适的数据集是至关重要的。以下是一些常用的情感分析(英语)数据集。

① IMDb 数据集

任务：电影评论情感分析。

描述：IMDb(互联网电影数据库)数据集包含了从 IMDb 网站上抓取的电影评论。每个评论都被标注为正面或负面情感，使其成为研究电影评论情感分析的经典数据集。

② Yelp 数据集

任务：商业评论情感分析。

描述：Yelp 数据集包含用户对各种商家的评论，这些评论经过 1～5 星的评分。情感分析的目标是将这些评分划分为正面或负面情感。

③ Amazon 评论数据集

任务：针对 Amazon 产品的评论情感分析。

描述：该数据集涵盖了对各种商品的评论，从书籍到电子设备。评论被标注为正面或负面情感，以用于情感分析任务。

④ Twitter 情感分析数据集

任务：社交媒体上的情感分析。

描述：该数据集包含来自 Twitter 的推文，标注为情感类别，如正面、负面或中性。这对于分析社交媒体用户的情感非常有用。

⑤ Stanford 情感树库

任务：对句子进行情感分析。

描述：Stanford 情感树库提供了对每个节点进行情感标注的树形结构。这有助于研究情感在句子结构中的传播和影响。

⑥ SemEval－2013 任务 13

任务：短文本情感分析。

描述：SemEval－2013 任务 13 数据集主要用于研究对短文本(如推文)进行情感分析的方法。参与者需要将短文本分为积极、中性或负面情感。

⑦ Friends TV Show Corpus

任务：从电视剧《老友记》中提取对白进行情感分析。

描述：这个数据集包含了从电视剧《老友记》中提取的对白。对话被标注为喜悦、悲伤等情感，使其成为研究对话情感的有趣资源。

⑧ Affect in Tweets 数据集

任务：社交媒体上的情感分类。

描述：Affect in Tweets 数据集包含从社交媒体平台上抓取的用户推文。这些推文被标注为不同的情感类别，为研究社交媒体情感分析提供了资源。

在选择数据集时，考虑到数据的领域、文本类型、标注粒度等因素是关键的。这些数据集可以满足不同研究和应用场景下的情感分析需求。

11.3.5 搭建模型

搭建顾客评价情感分析项目通常需要以下步骤，使用开放数据集来进行训练和评估模型。

(1) 数据收集与准备

① 选择数据集

选择适合情感分析的顾客评价数据集，如 IMDb、Yelp、Amazon 评论数据集等。

② 数据清洗

对数据进行清洗，包括去除特殊字符、处理缺失值、标准化文本等。

(2) 数据探索与分析

① 数据统计

分析数据集的统计特性，了解类别分布、文本长度分布等。

② 可视化

通过可视化工具，如词云、情感分布图等，更好地理解数据。

(3) 文本预处理

① 分词

将文本切分为单词，形成词汇表。

② 停用词处理

去除常见的停用词，减少噪声。

③ 词嵌入

使用预训练的词嵌入模型(如 Word2Vec、GloVe)将词转换为向量表示。

(4) 模型选择与构建

① 选择模型

选择适合任务的模型，如 RNN、LSTM、CNN 等。

② 模型构建

构建模型的输入层、中间层和输出层，确定超参数。

(5) 模型训练

① 划分数据集

将数据集划分为训练集、验证集和测试集。

② 模型编译

选择损失函数、优化器和评估指标，编译模型。

③ 模型训练

使用训练集对模型进行训练，并使用验证集进行模型调优。

(6) 模型评估与优化

① 模型评估

使用测试集评估模型性能，考虑准确度、精确度、召回率等指标。

② 模型优化

根据评估结果进行模型优化，可能包括调整超参数、增加数据量、使用正则化等。

(7) 部署与应用

① 模型保存

保存训练好的模型。

② 部署

将模型部署到生产环境，可以通过 REST API 等方式提供服务。

③ 应用

在实际应用中，将用户的顾客评价输入模型，获取情感分析结果。

(8) 持续监控

① 监控模型性能

定期监控模型在实际应用中的性能，处理潜在的漂移或性能下降问题。

② 持续优化

根据监控结果进行持续优化，可能需要重新训练模型。

通过以上步骤，你可以搭建一个顾客评价情感分析项目，并根据实际情况调整和优化模型，确保其在实际应用中的有效性。

11.3.6　训练模型

使用 Yelp 数据集进行情感分析项目的训练模型过程可以分为以下步骤。

① 数据加载和预处理：首先，你需要加载 Yelp 数据集并进行预处理。这包括读取评论文本和相应的情感标签，并将其转化为模型可以处理的格式。

② 数据分割：将数据集划分为训练集和测试集，以便在训练模型时评估其性能。

③ 构建词汇表：创建一个词汇表，用于将文本数据转换为模型可理解的数字表

示。你可以使用预训练的词嵌入模型(如 GloVe)来提高模型性能。

④ 模型定义:选择适当的深度学习模型架构。在这里,我们使用了一个简单的CNN,它能够捕捉文本中的局部模式。

⑤ 模型初始化和优化器定义:初始化模型参数并选择优化器。在这个例子中,我们使用了 Adam 优化器。

⑥ 训练模型:利用训练集数据对模型进行训练。这包括在数据上进行多个周期(epochs)的前向传播、反向传播和参数更新。

⑦ 评估模型:使用测试集评估模型的性能。计算准确度等指标以了解模型在新数据上的表现。

⑧ 模型应用:训练好的模型可以用于对新的顾客评论进行情感分析。你可以将这个模型嵌入到一个应用程序中,使其能够实时分析用户的情感。

以上步骤提供了一个基本的框架,实际项目中可能需要更多的细化和调整,以确保模型能够在真实世界的数据上取得好的性能。

以 Yelp 为例,这里使用 CNN 进行情感分类。请确保你已经下载了 Yelp 数据集并配置好环境。

```
import pandas as pd
import torch
import torch.nn as nn
import torch.optim as optim
from torchtext.data import Field,TabularDataset,BucketIterator

# 数据加载和预处理
TEXT=Field(sequential=True,tokenize='spacy',lower=True)
LABEL=Field(sequential=False,use_vocab=False)

fields=[('text',TEXT),('label',LABEL)]

# 假设你的数据集是一个 CSV 文件,包含两列:text 和 label
# 这里使用 TabularDataset 加载数据
data=TabularDataset(
    path='path_to_yelp_dataset.csv',
    format='csv',
```

```
        fields=fields
    )

    # 分割数据集
    train_data,test_data=data.split(split_ratio=0.8)

    # 构建词汇表
    TEXT.build_vocab(train_data,max_size=10000,vectors='glove.6B.100d',unk_init=torch.Tensor.normal_)

    # 创建迭代器
    train_iterator,test_iterator=BucketIterator.splits(
        (train_data,test_data),
        batch_size=64,
        sort_key=lambda x:len(x.text),
        sort_within_batch=False
    )

    # CNN 模型定义
    class CNNModel(nn.Module):
        def __init__(self,vocab_size,embed_dim,num_filters,filter_sizes,output_dim,dropout):
            super(CNNModel,self).__init__()
            self.embedding=nn.Embedding(vocab_size,embed_dim)
            self.convs=nn.ModuleList([
                nn.Conv2d(1,num_filters,(fs,embed_dim)) for fs in filter_sizes
            ])
            self.fc=nn.Linear(len(filter_sizes)*num_filters,output_dim)
            self.dropout=nn.Dropout(dropout)

        def forward(self,text):
            embedded=self.embedding(text)
```

```
        embedded=embedded.unsqueeze(1)
        conved=[nn.functional.relu(conv(embedded)).squeeze(3) for conv
in self.convs]
        pooled=[nn.functional.max_pool1d(conv,conv.shape[2]).squeeze
(2) for conv in conved]
        cat=self.dropout(torch.cat(pooled,dim=1))
        return self.fc(cat)

# 模型初始化和优化器定义
vocab_size=len(TEXT.vocab)
embed_dim=100
num_filters=100
filter_sizes=[3,4,5]
output_dim=1
dropout=0.5

model=CNNModel(vocab_size,embed_dim,num_filters,filter_sizes,output_
dim,dropout)
optimizer=optim.Adam(model.parameters())
criterion=nn.BCEWithLogitsLoss()

# 训练模型
num_epochs=5

for epoch in range(num_epochs):
    for batch in train_iterator:
        optimizer.zero_grad()
        predictions=model(batch.text).squeeze(1)
        loss=criterion(predictions,batch.label.float())
        loss.backward()
        optimizer.step()
```

```
# 评估模型
correct=0
total=0

with torch.no_grad():
    for batch in test_iterator:
        predictions=model(batch.text).squeeze(1)
        rounded_predictions=torch.round(torch.sigmoid(predictions))
        correct+=(rounded_predictions==batch.label).sum().item()
        total+=batch.label.size(0)

accuracy=correct/total
print(f'Test Accuracy:{accuracy:.4f}')
```

11.3.7　产品发布文档

项目名称：顾客评价情感分析系统项目

版本号：1.0

发布日期：[日期]

(1) 项目概述

顾客评价情感分析项目是一个基于深度学习技术的自然语言处理应用。该项目旨在分析顾客在评论中表达的情感，并对其进行分类为正面、负面或中性情感。

(2) 新特性

① 模型优化

引入更复杂的深度学习模型，提高情感分析的准确性。

优化词嵌入模型，提高对文本语义的理解。

② 多语言支持

扩展模型支持多种语言，以满足不同地区用户的需求。

(3) 更新内容

① 数据集更新

引入更大规模、多样性的训练数据，提高模型的泛化能力。

② 用户界面改进

重新设计用户界面，提供更直观、用户友好的情感分析结果展示。

(4) 问题修复

修复之前版本中发现的一些模型在特定情境下的分类错误问题。

(5) 性能提升

通过模型参数调整和性能优化,提升系统的整体性能和响应速度。

(6) 部署环境

支持部署到云端服务器,提供更灵活的应用场景。

(7) 使用说明

用户需要在系统中输入待分析的文本,系统将返回对应的情感分析结果。

结果将以直观的图表和文字形式呈现,使用户能够清晰了解情感分析结果。

(8) 注意事项

请确保输入的文本符合系统支持的语言。

对于大规模文本数据,请注意系统性能。

(9) 未来计划

我们将继续努力改进该项目,包括但不限于:

探索更先进的自然语言处理技术。

增加用户个性化定制功能。

加强对用户反馈的响应,不断改进系统性能。

(10) 联系方式

有任何问题或建议,请联系我们的技术支持团队:提供联系方式。

感谢您选择使用我们的顾客评价情感分析项目!

练习题

1. 情感词典是 ( )

A. 词汇库　B. 系统库　C. 模型库　D. 安装库

2. 以下不属于词性标注技术特点的是 ( )

A. 基于规则　B. 基于统计

C. 基于密码　D. 基于深度学习方法

3. 以下不是情感分析公开数据集的是 ( )

A. Tipp 数据集　B. IMDb 数据集

C. Yelp 数据集　D. Amazon 数据集

4. 以下不属于进行情感分析训练模型步骤的是 ( )

A. 数据传输　B. 数据分割　C. 模型定义　D. 构建词汇表

5. 以下属于顾客评价情感分析项目新特性的是　　　　　　　　　　　　（　　）

A. 模型重构　　　　　　　　　　B. 多语言支持

C. 多语言翻译　　　　　　　　　D. 模型简化